U0118702

Investing with Anthony Bolton:
The anatomy of a stock market phenomenon

# 安東尼波頓教你選股

Anthony Bolton

Jonathan Davis

張淑芳 譯

歐 洲 首 席 基 金 經 理 人 的 逆 向 投 資 策 略

財訊出版社

# 安東尼‧波頓教你選股

## 目次 ● CONTENTS

# 前 言

很少有專業投資人，可以被稱為「最偉大的投資人」。如果瀏覽報紙與專業的投資雜誌，看看充斥在編輯說明與廣告當中有關超凡績效的諸多承諾，各位可能產生不同的印象。基金管理是一項競爭激烈，靠銷售帶動的產業，投資大師巴菲特（Warren Buffett）曾經嘲諷地說過，基金25％靠績效，75％靠行銷。

過去三十年來，數以百計的學術研究凸顯了許多投資人親身學會的教訓：想要長期持續地打敗大盤難如登天，對才華橫溢的基金經理人而言亦復如此。基於這個理由，所謂的「被動式投資」成為現代投資的重要部分；被動式投資指的是，購買會自動追蹤主要市場指數績效的基金。

然而，的確有一些傑出的專家，能夠多年來始終如一地打敗大盤指數。這些投資專家可以名正言順地根據自己提供的服務收取高額的費用，吸引獵人頭公司的注意，還

能贏得競爭同業的尊敬。其中某些最優秀、最聰明的投資專家投入避險基金的行列，避險基金是當前的投資熱點（投資成果則未必驚人）。其他人選擇自行成立投資公司，以便一展長才，避開在大企業工作常會感受到的壓力。

　　單位信託基金（Unit Trust）是數以百萬計的個別投資人選擇的標準投資方式，在此一領域當中，最優秀的基金經理人很少能夠抗拒這些誘人的選擇，終其一生固守在自己的工作崗位之上。在能夠堅持到底的專家當中，有一個人廣受各界公認，在操盤績效的一貫性與完整性上遙遙領先所有其他競爭對手。

　　在對專業投資人進行的調查當中，他是最常被評列為最受同業景仰的基金經理人。過去二十五年以來，他替富達國際公司（Fidelity International）操盤的旗艦基金，在所有單位信託基金的績效中拔得頭籌：該基金在此一期間的表現，事實上是排名第二的英國股票基金的兩倍。

　　這位令人景仰的投資大師便是本書的主角安東尼·波頓（Anthony Bolton）。2004 年 12 月，波頓操盤的英國股票基金，也就是富達特別情況基金（Fidelity Special Situations）歡度了成立二十五週年紀念。如果你夠聰明或夠幸運，在該基金推出之時便投資一千英鎊，時至今日你

的投資收穫會是原始投資金額的八十倍以上。也就是說，
當初的原始投資，截至 2004 年 12 月將會是九萬英鎊，相
當於同期間內投資英國股市指數績效的四倍（各位應該記
得，這段期間是史上擁有股票的最佳時期之一）。

換算下來，該基金的績效相當於歷時四分之一個世紀
──每年維持 20 ％的複利報酬率，這樣驚人的紀錄，可以
與美國基金管理大師們相提並論。在這段期間之內，儘管
波頓操盤的基金規模成長了一千倍，他的投資績效始終保
持穩健，這一點更令人刮目相看。在波頓的投資領域當
中，沒有其他的基金經理人可以跟如此歷久不衰的成功紀
錄相媲美。

既然如此，我們要問的問題顯然便是：波頓如何締造
出這樣的成績？本書試圖進一步檢視造就該基金輝煌成就
的眾多因素。全書分為四章：

- 第一章將介紹安東尼‧波頓的背景以及他管理的基金
  群。本章探討的是波頓的投資方式，並說明他的最新
  投資動態。由於必須進行一些研究以撰寫報紙專欄、
  新聞訊刊與書籍，讓我有機會能與波頓進行多次對
  談。我也因此能夠跟許多其他的專業投資人會面，並

富達特別情況基金的成長
在基金成立之初，投資 1000 英鎊之投資成果

富達特別情況基金

金融時報全股指數

£ 100,000
£ 90,000
£ 80,000
£ 70,000
£ 60,000
£ 50,000
£ 40,000
£ 30,000
£ 20,000
£ 10,000
£ 0

原始投資一千英鎊的投資價值

一九八〇年 一九八一年 一九八二年 一九八三年 一九八四年 一九八五年 一九八六年 一九八七年 一九八八年 一九八九年 一九九〇年 一九九一年 一九九二年 一九九三年 一九九四年 一九九五年 一九九六年 一九九七年 一九九八年 一九九九年 二〇〇〇年 二〇〇一年 二〇〇二年 二〇〇三年 二〇〇四年

　　對他們的事蹟進行研究。筆者雖然並不特別欣賞積極型的基金經理人，但波頓毫無疑問是能對「明星」此一頭銜當之無愧的少數幾位人士之一。

● 在第二章當中，波頓將親自說明他在擔任富達特別情況基金經理人時的經歷——他的投資生涯如何開始，他運用哪些投資方法來達成他的投資成果，以及他花

費二十五年修練專業投資的過程當中所學到的教訓。
雖然波頓是無數報章雜誌的討論對象，卻首次在本書
中現身說法，詳細探討他的投資哲學。

- 第三章將深入探討富達特別情況基金在二十五年歷史
  中的績效表現，並提出一個問題：該基金的表現究竟
  有多傑出？有多一致？解讀基金績效的統計數字可以
  是一項危險的工作，對警覺性不夠的人而言更是充滿
  陷阱。除了提供詳盡的績效數字之外，本章也引用獨
  立且備受敬重的基金分析師所提供的評論意見。

- 在第四章，我將評論波頓在他二十五的投資生涯當中
  對基金管理所做的卓越貢獻，並大膽歸納他本人與富
  達的非凡成就背後的原因。波頓是富達於 1979 年進軍
  歐洲市場時召募的基金經理人之一，富達成功地拓展
  在歐洲的業務，波頓一直扮演舉足輕重的角色。在結
  論的部分，我們將提出比較宏觀的觀察結果，探討投
  資人可以針對波頓現象，學得哪些教訓。

讀者可以在〈附錄〉中找到更多與富達特別情況基金
的績效相關資料，包括專業基金分析師針對該基金的投資

風格與風險內涵所撰寫的研究報告、該基金歷年十大持股，以及一份富達內部的個股研究報告範例。提供這些資料的目的，是要幫助讀者進一步了解波頓的投資方式。

全美最受敬重的投資顧問之一查理‧艾利斯（Charlie Ellis）於多年前告訴我，根據多年經驗，他得到的結論是，在選擇專業投資顧問或是投資公司的時候，最重要的考量應該是經理人的誠信，而不是他的投資績效。「投資績效顯然很重要，但投資人最需要的，」艾利斯說道，「是要能夠高枕無憂，確信你的基金經理人會年復一年地積極任事，努力不懈地將你的利益放在第一優先。」

波頓是一位個人誠信從未受到懷疑的基金經理人，他也幾乎從未讓將資金交付給他管理的投資人感到失望。能夠對這樣一位投資大師的成就進行分析，實在令人愉快。

波頓或許也是你所認識的最和善的人之一，這與他的成就無關——倫敦市場獎勵冷酷無情且個性討厭的人，也同樣會獎勵個性迷人且溫文有禮的人——但是他的這項人格特質，讓撰寫本書的工作變得更加有趣。

——強納生‧戴維斯

# 第一章

# 專家中的專家——
# 波頓與他的基金群

當歐洲企業的財務主管，針對哪一家投資管理公司最受尊敬而接受意見調查時，有一家公司不斷出現在榜首或是榜首附近。這家公司便是富達國際公司，總部位於美國波士頓的富達集團的子公司。

富達國際於1979年推出第一支英國單位信託基金，自從當時起，該公司便不斷成長，目前已經是歐洲規模最大、最成功的基金管理公司。安東尼‧波頓是富達國際的超級明星，他的投資績效與專業成就，已經成為富達國際與其在歐洲成就的代表。

如果有人能對英國投資界「專家中的專家」此一美名當之無愧，這個人非波頓莫屬。沉靜、思慮縝密且作風低調，波頓可謂是現代專業基金經理人的典範：目光精準、嚴守紀律、努力不懈且謹慎小心，他操盤的基金全部擁有始終能夠擊敗股市大盤的輝煌紀錄。

## 無與倫比的投資績效

對於動盪多變的股票市場來說，所謂的「技術專家」（technocrat）實在不是一種明智的說法。由於金融市場基本上面對的是不確定性，投資無法簡化成為一門科學。但

是波頓跟英國的所有專業投資人都證明了一件事：他大學時的主修科目工程學，可以有利地運用到選股的藝術。令人難以理解的是，他選擇的投資標的，是多數投資人不願意碰觸的股票。

他是一位逆向操作的投資人，樂於搜尋股票市場中遭人棄養的類股，找尋受創或是不受投資人青睞，但有可能鹹魚翻身的股票。這項策略有其風險，甚至對分散投資組合的基金也是如此，但是自從他的基金上市這二十五年以來，這項策略奏效就像美夢成真，對於專業基金經理人來說，這才是最重要的事情。

波頓的投資策略如此成功，光是他管理的富達特別情況基金這一檔基金，規模就高達四十多億英鎊。該基金包括多達二十五萬名投資人，其中大多數是個別投資人。在單位信託基金超過二十五年的歷史當中，富達特別情況基金是同性質基金中績效最好的一檔基金。在管理基金的大部分職業生涯當中，波頓也管理投資歐洲大陸的基金群，投資績效同樣斐然出眾。

波頓於 2001 年到 2003 年期間交出他的歐陸基金，將注意力再度集中在英國基金。他管理的資金目前分別投資於富達特別情況基金跟一檔姊妹投資信託基金，富達特別

價值基金（Fidelity Special Values）。波頓的正式頭銜是富達投資公司（Fidelity Investments）的常務董事，但是他真正的工作是帶領該公司基金管理的業務。

波頓管理過的基金全部擁有始終如一的出色績效。舉例來說，自從分別於1979年與1985年成立以來，波頓管理的兩檔主要基金——富達特別情況基金與歐洲基金——都達到20%左右的年複利報酬率，輕易地擊敗大盤以及其他同類的基金。

這兩檔基金也都榮獲重要的獨立基金評等機構的最高評價，像是標準普爾（Standard & Poor's）以及晨星（Morningstar）。這些基金跟波頓都贏得無數的產業大獎，並受到財務顧問們的大力讚揚。更重要的是，在《週日商業報》（*Sunday Business*）於2003年針對重要基金經理人進行的一項意見調查當中，有一半的受訪者表示，波頓是自己最景仰的競爭對手[註1]。

在基金管理此一受到行銷嚴重主導的產業當中，此現象有部分可以斥為騙術以及花招。然而，在這些表象之下

---

1　在這一半的受訪者當中，有六成的人表示自己從未見過波頓，這也可以反映出波頓的行事風格。

卻有著實質的基礎存在。愛爾蘭裔美籍的彼得‧林區
（Peter Lynch）是傳奇的選股大師，他有十三年的時間，替
美國的富達公司管理全球最大的共同基金麥哲倫基金
（Magellan fund）。有些著名的觀察家，在報章雜誌上將波
頓描述為英國的彼得‧林區，這一點並不令人意外。

　　將波頓比喻為林區似乎並不恰當，林區的操盤風格可
以用「過動」加以形容。但是，兩人可以相提並論的這項
事實，則可以反映出波頓在專業投資界的地位。林區是投
資業界的大師級人物；如果要從英國找出一位可以跟他並
駕齊驅的人物，根據許多專家的看法，波頓是最佳人選。

## 條理分明的審慎思維

　　波頓是個身形削瘦、不顯眼的人，雙眼炯炯有神，蓄
著微捲的灰白頭髮。他的說話態度平靜，口齒清晰，大多
數是完整的語句，反映出他那條理分明的審慎思維。他給
人一種冷靜、沉默但有效率的形象，跟人相處時十分客氣
有禮，看起來很有知名大學教授的風範。你會覺得，他一
生中所做的大部分事情都是刻意安排的結果。令人費解的
是，事實並非全然如此。

波頓在大學畢業以後，波頓的父親得施加壓力，才能讓他出去找工作。在機緣湊巧的情形下，他流浪到倫敦，而非他相信，自己註定要靠買賣股票謀生。如此不經意的開始，並未阻止他成為最搶手的基金經理人之一；在這個激烈競爭、收入豐厚的產業當中，最頂尖的投資高手一年可以有數百萬英鎊的收入。

想要找到波頓的辦公室，你必須深入倫敦市中心，到一棟可以俯瞰聖保羅大教堂的寬敞、摩登的辦公大樓。該大樓以前是一家大型美國銀行的所在地，事後證明，這家美國銀行對全球布局的野心，並非其力所能及。

毫無疑問，這裡是富達截至目前為止最華麗的辦公室，有著大理石裝潢的入門大廳，牆上掛著多幅英國知名的現代藝術家大衛‧霍克尼（David Hockney）的畫作，反映出富達進軍歐洲的輝煌成果。

波頓的辦公室位於二樓，他使用的是標準的辦公桌，背對著窗外由英國十五世紀知名的天文學家、幾何學家、設計家與建築師瑞恩爵士（Sir Christopher Wren）設計的知名創作聖保羅大教堂。在他書桌後面的書架上，按照日期的先後順序，擺放著他多年來造訪企業時所做的筆記（這些筆記總共有六十冊，其中超過80%是他在造訪英國

企業時所做的筆記）。辦公室一角有一台電腦，牆上掛著他家人的照片，以及他多年下來贏得的無數產業大獎。

他的辦公室給人的整體印象，讓人強烈聯想到大學教授的辦公室。這是一個井然有序、講求功能的地方，如此而已。其中沒有太多東西顯示出，這裡是全英國最佳基金經理人工作的場所。

波頓本人跟他的支持者都承認，波頓身為投資人的重大優勢在於，他是情緒穩定的人，能夠以堅毅不撓的態度面對挫敗。「身為一名基金經理人，你必須是相當冷靜的人。」他自己如此承認道。

彼得‧傑瑞（Peter Jeffreys）表示，「他這個人了不起的地方在於，對每一件事情的態度果決。他不會冒任何風險，絕對不會。」傑瑞之前是波頓在富達的同事，後來與他人共同創辦了基金評等機構基金研究公司（Fund Research）。當我要求一位基金經理人提供一則有關波頓的小故事時，他回答：「我沒有什麼故事可以告訴你。他不是那種會有小插曲讓人談論的人。」

另一件比較不那麼明顯的事情是，波頓對工作的高度付出與組織能力。如同大多數成功的專業投資經理人一樣，波頓相信，要成為專業投資人，你必須將全部心力投

入市場當中。「我認為，你必須對市場全心投入，」他如此說道。「因為投資是持續的無形活動，沒有開始或結束，總是有一些你必須深入研究的新東西存在。我認為你必須全心全意地投入，才能有好的表現。在我欣賞的基金經理人當中，沒有一個人是兼職。（註2）」

波頓承認，對於那些擅長根據總體經濟展望進行金融豪賭的人而言，像是避險基金投機作手喬治‧索羅斯（George Soros），情況可能有所不同。對這些人來說，一年做出兩、三次決定，假設這些決定正確且能得到支持，結果就是成功與失敗之間的差別。但是對於擅長選股的投資人來說，像是波頓本人，除了全力投入以外，別無選擇。

當波頓一開始操作基金的時候，他只看顧二、三十檔股票。可是現在，由於他主持的基金群的成功（自從1987年起，他負責的基金規模已經成長了一百倍），在他的各項投資組合當中，有接近兩百檔股票需要追蹤。這不僅需要努力工作，還要有規模龐大的分析師團隊的支援，以密切注意這些股票的表現。

根據最近一次的統計，富達在倫敦有超過五十位分析

---

2　除非另有說明，否則本段討論內容，全都來自波頓與本書作者的專訪。

師支援波頓。波頓也親自訓練了其中許多分析師，讓他們了解富達的分析股票技術。這些分析師知道波頓要的是什麼，波頓也對他們的分析結果有信心。

在這樣的情形之下，如果不具備高度的熱忱以及當機立斷的能力，波頓是不可能維持這樣的績效品質。就連精力過人的林區，在操盤富達的麥哲倫基金僅僅十三年之後，就以工作壓力過大的理由，在1990年決定交棒。現年五十四歲的波頓，在這份同樣困難與壓力沉重的工作崗位上，堅守了兩倍長的時間。

由於必須持續追蹤許多企業的業績表現，波頓決定將手中的歐陸基金交棒給兩位同事，以減少自己的研究工作與出差行程，儘管如此，對於投資操作，波頓絲毫沒有顯現疲態。他決定繼續管理他的基金群，但非永遠，因為這份工作非常吃重。他每週工作的時間依舊很長。由於富達十分重視深度研究，光是必須過目的文件數量便十分驚人。

## 兼容並蓄的投資風格

波頓的一天，通常從他於早上六點半離開位於西蘇西克斯（West Sussex）的住家，搭乘火車前往倫敦開始。他

會在火車上閱讀《金融時報》(*Financial Times*),並研究當天準備拜訪的公司資料。他會在往返火車站的途中,檢視每天收到的四、五十封電話留言。他的一週圍繞著企業會議。

當他同時負責英國與歐陸企業的時候,經常得每天拜訪五到六家企業,他的同事還會針對其他許多企業向他提出報告。在倫敦,富達公司每天要拜訪十五到二十家企業,有時候數量更多,地點不是在富達的辦公室就是在目標企業,或者是經由電話會議進行訪談。沒有太多其他基金管理公司像富達一樣,花那麼多功夫跟現有與潛在投資目標保持聯繫[註3]。

在進行訪問之前,富達的內部分析團隊會先針對每一家企業仔細進行研究,並提出一份長達數頁的詳盡報告,其中包括關鍵的財務數據,加上經紀商的看法以及其他相關資料,像是剪報等等。波頓跟他的同仁可以利用企業訪談的機會,向目標公司的經營團隊提出問題,了解該公司

---

3 「投資成功沒有祕訣可言」,波頓於 2004 年 3 月對《每日電訊報》(*Daily Telegraph*)的馬丁‧貝克(Martin Baker)如此說道。「你需要一套方法以及好的資訊。我認為,我們比其他人了解自己投資的企業。你必須了解你的投資標的,這是投資的終極測試。」

最近的經營狀況。

　　他會在事後撰寫會議紀錄，只是篇幅通常很短。波頓本人會親自作筆記，通常是二到三頁長，他將這些筆記井然有序地存放在辦公桌後方的書架上，在事後回頭察看這些筆記，看看自從上次訪談過後，目標公司的態度是否有所改變。

　　瀏覽這些筆記，可以讓人了解波頓採用的方式之嚴謹；我在某一天看了大約十二冊筆記，當中完全找不到任何一則小故事、八卦流言或是個人的說法（甚至沒有發現任何隨手塗鴉的文字）。他的行事風格，絕對會受到狄更斯（Charles Dickens）筆下的葛拉達顧蘭德先生（Mr. Gradgrind）的推崇──事實、事實、還是事實。這種做法不僅需要非凡智力，還要全心全力投入工作。

　　不尋常的是，在拜訪企業之前，除了研讀富達的內部分析以及來自經紀商與其他來源的研究報告之外，波頓也喜歡檢視股價走勢圖，看看該公司近期的股價表現如何。加總起來，波頓每天都有一大堆文件要檢視。就像政府首長一樣，波頓有點變成文件的奴隸，他通常在晚上八點才回到家，這也是他害怕假期結束的原因之一。他知道，等他回到辦公室，會有一大堆文件等著他。

　　他紓解工作壓力的方法之一是創作古典音樂，波頓從小就熱愛古典音樂，最近更重拾這項興趣。如此一來，他就沒有太多時間跟同業聯誼，甚至對他在富達的同仁也是如此。他自己承認，他不是那種「跟別人去喝啤酒的人。我從郊區通勤來上班。我晚上沒有什麼活動。我喜歡回家。（註4）」

　　「我要閱讀很多東西，」滿臉倦容的波頓補充說道。「我搭火車通勤的原因之一是，我可以在火車上瀏覽許多東西。你必須了解自己要找的是什麼，因為光是這些資訊的數量就讓人吃不消，會讓你無法採取任何行動。我喜歡刪掉很多東西，老實說，至少對我而言，經紀商的報告大多是沒有必要的資訊。在我看來某些分析師並不優秀，我知道要小心這些人所寫的東西。如果研究報告的結論是賣出，目標企業又是我並未投資的公司，我甚至不會過目這份報告。如果結論是賣出，而目標企業是我所投資的公司，那麼，我顯然必須很快看過這份報告。可是，你一定要懂得去蕪存菁。」這需要紀律與努力的工作，而這正是

---

4　2004年1月10日《每日電訊報》。

5　跟波頓共事了二十多年的莎莉‧瓦頓（Sally Walden）表示，波頓是她見過的最有效率的經理人，幾乎從來不浪費自己的工作時間。

波頓著名的兩項特質,他的同仁也做如是觀(註5)。

富達的分析團隊針對每家企業提供的簡報資料,都以一種標準化的格式呈現。波頓表示,即便如此,光是這些文件的份量便意味著,「你必須擁有一套檢視文件的系統,不然的話,你就完了。」

他的一些同仁的因應之道是,省略經紀商的研究報告,只參考公司內部的資料。但這不是波頓的作風。「我不採取那種做法。你永遠不知道,下一個想法會來自何處。」他堅信,投資風格若想成功,一定要懂得兼容並蓄。

波頓表示,目前的確有越來越多企業前來拜訪富達,企業來訪的時候,經營團隊必須證明他們了解自家公司,這一點非常重要。「雖然有些投資人非常強調經營團隊的品質,我是巴菲特的忠實信徒,也就是說,我寧願選擇一家由普通的經營團隊管理的優質企業,而不願選擇相反的情況。我發現,在會議中讓你驚艷的人,未必就是最好的經理人。」他提到在 1980 年代的倫敦,一度備受各界推崇的約翰‧岡恩(John Gunn)。幾年以後,他的船務公司British & Commonwealth 便爆發弊端。

「我喜歡言行如一的經營團隊。我不喜歡言行誇張,

不斷加油添醋的經理人。」他比較重視的是，企業對自己產品的看法如何：「當企業來訪時，如果他們非常強調某項產品，但下次造訪時卻對該產品絕口不提，我們就會開始憂心，要努力去讀出這些弦外之音。」如果某位競爭對手對目標企業的某個產品表示正面看法，這種看法的重要性會兩倍於該企業本身對同一產品的說法。

## 因緣際會進入投資界

波頓對自己的工作採取如此中規中矩的態度，因此，當我知道波頓是在偶然的情形下踏入投資界，我感到有些意外。他的早期投資經驗，來自於一家小型而且名聲欠佳的商業銀行 Keyser Ullmann。

在 1970 年代早期的全盛時期，該銀行以作風大膽聞名，後來因為許多失敗且具爭議性的交易導致名聲受損，最後被併購而自市場消失。波頓是該銀行「空前絕後的大學畢業儲備幹部」。他曾在劍橋大學攻讀工程學，但在研讀工程學的兩年之後，「我對一件事情相當有把握，那就是我不想成為工程師。」當他於 1971 年準備畢業時，並沒有一份工作等著他。

　　波頓的律師父親，原本鼓勵他在大學的最後一個暑假，好好花時間思考自己的未來，卻在假期結束的三個星期前突然施壓，要他積極找工作。波頓家族的一位商界友人建議波頓考慮到倫敦工作，另一位擔任股票經紀商的家族友人介紹他到 Keyser Ullmann 銀行；該銀行當時正在快速成長，並且認為（根據波頓的說法），「大學畢業儲備幹部這個構想聽起來不錯。」許多輝煌的事業生涯，往往肇端自如此奇特的機緣。

　　不同於許多成功的投資人，波頓一開始並未立志成為投資經理人，他進入投資界的時候，也沒有懷抱著要靠投資致富的強烈企圖心。他曾經指出，在他的大學同學當中，對一個有志投入倫敦金融市場的人來說，企業金融依然是「主流」。投資管理被視為是次級部門的工作。

　　「企業金融帶有一股魅力光環，」他回憶道，「投資管理幾乎稱不上一項產業。」在此之前，波頓對投資市場既不感到興趣又一無所悉。在他小的時候，他從來沒有交易過郵票或是從事其他賺錢的活動。許多最偉大的投資人，係因為自己的貧窮出身而立志要成功，不同於這些人，波頓出身於傳統的中產階級家庭。

　　波頓在 Keyser Ullmann 工作了五年，他認為自己在這

裡接受了相當好的訓練，儘管該銀行後來遭遇許多問題。他一開始從一般的儲備幹部做起，「坐在出納檯後面發放款項，徒步前往資金市場，那個年代，那裡的人到哪裡都戴著高帽子。」

在行政部門工作一段短暫時間之後，波頓在投資部門待了一陣子，他終於在這裡「培養出對股票的狂熱」。他獲得 Keyser Ullmann 旗下的投資事業部門的一份研究助理的工作，並在此開始他的投資經理人的生涯。Keyser Ullmann 的投資事業獨立於銀行的其他業務之外，管理的大部分資金屬於投資信託基金。波頓表示，這意味著當銀行陷入困境，客戶開始提兌存款之後，他這方面的業務大致上並未受到影響。

## 投資風格的養成

Keyser Ullmann 銀行管理資金的方式，有三點對波頓的投資風格產生了影響。其中之一是，該銀行專門投資規模較小的企業，這一點是波頓的註冊商標。其次，該銀行會造訪其投資的企業。在大多數經理人倚重經紀商提供資訊與想法的當時，這算是相當創新的做法。第三，公司有

一位主管對技術分析感到興趣,以股價走勢圖來補強傳統的基本面分析,波頓至今仍保有這項興趣。

波頓擔任基金經理人助理的工作內容包括,針對每一家目標企業的半年報或年報結果撰寫幾段意見,說明該標的股票是否仍為一項合理的投資。他記得在發現資料流(Datastream)時心中產生的神奇感覺,這在當時的倫敦算是一項創新的產品,讓他得以搜尋股票世界,找尋具備某些共同特性的股票。

股市於1973-75年出現恐慌行情,次級金融危機達到高點,股市經歷大家記憶中最嚴重的衰退行情時,波頓必須重新學習成為一名投資人。他還記得,當時在午餐的時候,有些基金經理人會吹牛說,自己實際投入的資金有多少。大家似乎在較勁,看誰手上的現金最多。「大家心中的感覺是:我到底惹了什麼麻煩?世界末日到了嗎?股市可不可能停止下跌呢?」

股市的確止跌了,但是波頓很快便決定,由於Keyser Ullmann銀行的種種問題,現在是離職的好時機。經過幾次求職面談之後,他獲得史萊辛格集團(Schlesinger)的一份資金經理人的工作,這是某個富有的南非家族擁有的企業,在倫敦還跨足房地產與金融產業,其中之一是由理

查‧廷柏雷克（Richard Timberlake）與彼得‧貝克（Peter Baker）兩人負責的單位信託公司。

上述兩人對波頓的投資生涯，有著關鍵性的影響。貝克負責提供投資想法，而現代基金管理產業的先鋒之一的廷柏雷克則專攻行銷。波頓表示，貝克對投資抱持著非常客觀的態度，願意就事論事。「如果你可以對某個想法提出很好的理由，他會願意考慮。我總是覺得，如果一位女侍走進來對他說，他應該買進 ICI 股票，他會願意聽她說明原因。」

貝克也是個注重數學的人，喜歡利用數學模型評價權證。在英國，他是最先對現代投資組合理論所使用的計量分析技巧產生興趣的人之一。貝克了解，根據學術研究顯示，想要擊敗股市平均指數實屬不易，他因此成立了一檔指數型基金，他的這項概念遠遠超越當代思維。

波頓在史萊辛格負責管理七到八檔基金，「每件事情」都得沾上一點邊。其中一支基金是一種「特別情況」基金，從那時起，波頓一直跟這類基金有著密切的關聯。

不過，史萊辛格並不是一家非常穩定的公司。經常傳言說該公司有意求售。波頓表示，南非人「很像交易商，他們喜歡買賣東西，不喜歡持有資產太久。」因此，當他

的第二位老闆廷柏雷克於1979年被富達挖角，準備替富達
在英國成立第一個據點時，波頓便向廷柏雷克毛遂自薦，
表示自己有意跟隨他到富達。

　　波頓表示，他當時甚至不知道富達是個什麼樣的公
司。他後來發現，富達是全美國最大的獨立運作的投資管
理公司，素以倚重深入的基本面分析，締造始終如一的績
效聞名於世，這一點當然有所幫助。因此，波頓成為富達
國際最早雇用的兩位投資經理人之一。當時二十九歲的波
頓具備的相關資歷並不多，卻擁有一項優勢：富達國際的
新任常務董事認識他。

　　雖然從今天的角度來看，選擇跳槽富達看起來是理所
當然的決定，但是在當時，許多人的看法並非如此。廷柏
雷克表示，在此之前，英國貿易部從未核准任何外國集團
在英國經營銷售基金的業務，並且提出許多條件，才肯核
准富達在英國設立公司。

　　金融大改革（Big Bang）要等到七年後才會通過。這
項法令的鬆綁，迫使長久以來盛行於倫敦金融區當中，許
多只雇用工會員工的公司行號關門大吉。英國政府在幾個
月之前才取消外匯管制，企業界的信心積弱不振。通貨膨
脹一發不可收拾。在保守黨於當年稍早勝選之後，首相柴

契爾夫人（Margaret Thatcher）領軍的政府，依然處於摸索的狀態。

當時在倫敦，很少有人聽過富達這家公司，而對富達有所耳聞的人，往往也對美國人狂熱的工作態度不表認同。「我哥哥替富達的會計師事務所工作，他告訴我許多與富達召募與解雇員工，以及與美國人有關的可怕事情，」廷柏雷克回憶道。

負責帶領富達進軍英國的比爾‧拜恩斯（Bill Byrnes）表示，「我們是一家剛成立的投資管理公司，努力要在英國建立灘頭堡，在一個通貨膨脹肆虐、利率飆漲、股市積弱不振的衰退時期努力經營。

尤有甚者，來自美國的企業入侵者被英國人民視為短期的機會主義者（這樣的想法並不完全有失公允），一旦情況不妙就會溜之大吉，在此同時，富達國際卻跟一家美國企業有所關聯。」因此，要登上這條陌生的船，還真得要有點勇氣。

## 在富達踏出成功的第一步

廷柏雷克要波頓管理一支特別情況基金，因為這是波

頓任職於史萊辛格時最喜歡管理的基金類型，不過在當時，這並非富達的優先考量（拜恩斯跟廷柏雷克原本想說服波頓管理一支日本基金，遭到波頓婉拒）。

諷刺的是，從事後的發展來看，在富達最先推出的基金當中，特別情況基金是最難銷售的一支基金。根據1981年加入富達國際行銷團隊的貝利‧貝特曼（Barry Bateman）表示，有很長一段時間，這支基金的規模一直在二到三百萬英鎊之間掙扎。「我想，其中一個理由在於，」貝特曼說道，「大家把我們看成一家國際基金管理公司，因此，他們會找我們購買國際型基金，而非英國基金。在我們建立起優良紀錄一段時間後，大家才開始投資特別情況基金。」

貝特曼目前是富達國際的副董事長，負責富達所有非美洲地區的業務。曾經有一段時間，富達提供銷售團隊兩倍的佣金，以激勵銷售業績。等到1980年代後半期，當該基金首次登上五年績效排行的龍頭寶座之後，投資人才開始大量收購這檔基金。

特別情況基金究竟是什麼樣的基金？從某個層面來看，答案可謂不言而喻。這種基金所投資的，是面臨不尋常的例外情形，而且營運狀況在相當短期之內有希望出現

轉機，進而創造獲利的企業。

「在某種特殊情況下，幾乎任何一檔股票都可以成為特別情況，」波頓在他對這支新基金所發布的第一份經理人報告書中如此寫道。「一般的對象是，股價相對於淨值、股利率或未來每股盈餘而言，具有吸引力的企業，且兼具其他特殊的吸引條件，短期內可能對其股價產生正面的影響。」

這指的可能是併購、新發行股票、經營團隊易手、資本結構改變或是其他的導火線事件──我們會發現，多年下來，波頓已經調整並詳細地分析過自己的做法。

但是，波頓承認，在他剛開始操盤這檔基金的時候，該基金的最大優勢之一正好在於，幾乎沒有人真正了解該特別情況所指為何。他回憶道，當初一般人的感覺是，這是一檔「積極型」（代表尋找高風險）的基金，投資標的是藍籌股以外的資本成長機會。找出可能的併購目標，是投資人相當容易了解的投資方式之一。

該基金最初的幾份報告強調，波頓找尋的是迅速獲利，願意接受高於平均的波動率。但是除此之外，該基金當時還有──目前依然如此──許多可以實驗的空間。多年下來，「特別情況」這項概念的彈性空間，使得波頓得

以自由地發展出他獨特的投資風格。這種基金吸引的對象是，相信眼光獨到的投資經理人可以發揮影響力的投資人──儘管學術界認為，要找到一位能夠長期擊敗大盤的經理人著實難如登天。

加入富達團隊，對波頓跟富達雙方可說是相得益彰。一個不熟悉美國投資市場的人，很難了解富達在美國享有的龐大影響力。富達不僅是全球規模最大的獨立投資管理公司，自從二次大戰以來，該公司在協助投資產業發展行銷手法與培養專業水準方面也是貢獻卓越。

富達是最先對基本面分析進行大手筆投資的公司，也是最先看出投資界需要召募並訓練最優秀人才的公司，在此之前，金融界往往視投資產業為一個落後的領域；富達也是最先對一般投資大眾直接行銷集體投資工具的先驅企業。

1980與1990年代的股市大多頭，使得富達手中匯集了巨額資金。如此快速的成長不時引發一些調節的問題，但富達就像一支銳不可擋的菁英部隊，安度2000年到2003年的空頭市場。

2004年，位於波士頓的富達管理與研究公司（Fidelity Management and Research）管理一百八十多支基金，資金

規模超過一兆美元。為了說明起見,這項金額高過英國前
五大退休基金經理人操盤的退休基金的總額,相當於倫敦
股市總市值的40%左右。由於富達的規模與影響力如此龐
大,目前有一些美國的訊刊,專門追蹤富達旗下基金群的
績效表現。

　　負責處理該公司國際投資事業的關係企業富達國際公
司也在穩定成長當中,管理的資產價值超過1800億美元;
富達在英國的分公司便隸屬於富達國際旗下。該公司目前
的基金群包括三十多支對一般投資人銷售的英國基金,以
及超過二百五十支海外基金。

　　儘管多年來不斷成長,富達在波士頓的事業依然是由
強森(Johnson)家族與其他資深經營團隊掌控的私人企
業,該家族於1964年創辦富達(不過富達國際是一家獨立
運作的企業)。奈德‧強森(Ned Johnson)是第二代的負
責人。他的父親是一位有魅力的人,圈內圈外的人都稱他
為「強森先生」。跟父親的經營績效相較起來,奈德的成
就不遑多讓,而以這樣的企業家族而言,如此輝煌的戰果
並不常見(註6)。

---

6　奈德‧強森的女兒艾比吉兒(Abigail)目前是富達管理與研究公司的總經理。

同樣非比尋常的是，對經營基金事業的家族企業來說，這對父子偏好的投資方式相當不同。老強森先生喜歡給予個別的基金經理人自由，讓他們選用適合自己的風格進行投資，不管這樣的風格有多特異；小強森相信，基本面研究與技術分析具有舉足輕重的重要性，並根據這項信念塑造了富達的現代風貌（該公司依然鼓勵基金經理人堅持自己的判斷。舉例來說，自從彼得‧林區於1990年退休之後，麥哲倫基金的管理方式已經變得非常不同）。

小強森以績效至上的功利主義態度對待員工──富達的基金經理人雖然收入豐厚，享有優質的技術支援，但未能締造長久績效的人難逃解聘噩運。

競爭激烈的環境未必適合所有的基金經理人，但是，喜歡這種環境的人往往非常喜歡富達，也因此成長茁壯，如同波頓。富達行事風格的一項重要特色，在於基金經理人只需管理自己的基金，不用受到太多其他責任的干擾。

該公司的基金管理團隊與其投資過程，主要是由公司的投資長負責。最近，為因應業界越來越重視企業監督，富達另行指派一位董事負責處理跟投資標的企業之間關係的例行工作（雖然有時候相當棘手）。行銷與行政是由位於倫敦以外的另一個獨立單位負責。

　　雖然在許多投資銀行當中，暫時棲身投資管理工作，只不過是晉身銀行高層的一塊踏腳石，但是在富達，基金管理本身就是最終的目標。

　　「對富達而言，彼得‧林區的特色在於，」波頓表示，「你必須讓負責投資的經理人將所有時間花在管理他們的投資。如果你在他們身上加諸其他工作，他們的投資很可能就會受到影響。」

　　由於得跟投資標的公司進行一連串的會議，投資經理人沒有太多時間處理其他工作。他們的信念是，富達的投資方式是最好的方式。富達不從外部召募投資經理人，而是從內部培訓出大多數投資組合經理人以及分析師，以確保公司投資方式的一貫性。

　　同樣地，並不是所有人都喜歡這樣的方式，但是，對於樂在一個嚴格管控的大家庭中工作的人來說，這種方式很有效。毫無疑問地，富達的品牌實力，有助於員工召募。根據《金融時報》2003年的報導，在一項針對五百位投資專家進行的意見調查當中，富達連續四年獲選為最受

---

7　麥卡隆一開始先接下投資信託基金，之後接手單位信託基金，並於2003年1月完成職務交接。在當時，富達的另一位基金經理人葛拉漢‧克萊普（Graham Clapp）接下了歐洲海外基金。

推崇的基金管理公司榜首。

## 簡單的力量

波頓於 1979 年開始管理他的特別情況基金。 1985 年接下富達的第一支歐陸基金，之後便一直管理該基金與一檔姊妹基金，直到他於 2001 年將這兩檔基金移交給他的同仁提姆・麥卡隆（Tim McCarron）為止[註7]。有許多年的時間，他也管理一支在盧森堡註冊的歐洲海外基金。

波頓負責管理的資金曾經高達一百億英鎊，對投資經理人來說，這是一個天文數字。他的兩檔基金──歐陸基金與特別情況基金──各自接受獨立的評估，但是他管理這些基金的方式，本著相同的基本原則，其中大多數可以明顯回溯到他早期任職於 Keyser Ullmann 與史萊辛格時培養出來的重要概念。

我們可以很快地總結出波頓在他的事業生涯中秉持的重要理念。答案很簡單：你必須採取跟別人不同的做法，才能得到更好的結果。

或是套用波頓的話：「如果你想勝過其他人，那麼，你必須擁有跟別人不一樣的東西。如果你想擊敗股市大

盤，大家也期待這樣的表現，那麼，你絕對不能持有的投資，就是大盤本身。你的持股內容當然不應該跟大盤相同，也不應該進行大量的交易，因為交易成本驚人。你一定要有所不同。」

這項理念將波頓推向投資小型而非大型的股票上市企業，之後再進軍基於許多理由而不受青睞且不流行，但在短、中期間之內有可能出現轉機的企業。

「我根據逆向選股的方式，以高於平均的風險內涵管理我的基金，」波頓如此總結自己的投資方式。「我的理想投資標的，是當下出現問題，但看起來有轉機的企業。我要找的是不流行又便宜，但是不久之後就會重新吸引投資人目光的股票。」

找尋不受投資人青睞的股票，這未必是創新的概念。在英國，自從單位信託產業的先驅有聯利保公司（M&G）推出第一檔復興基金（Recovery Fund）起，至今將近七十年了。這項基金的概念在於，投資於即將從景氣衰退，或

---

8　將持股內容與指數內容兩者之間的差異稱為「追蹤誤差」，可以證明指數化管理（indexing）此一概念在現代投資管理中已經有著長足的進步：對一支指數型基金來說，這種偏離現象的確不應該出現。對富達特別情況基金這種積極管理的基金來說，情形往往正好相反。

是因為其他外在或內在原因所造成的挫敗當中復甦的企業。這麼做可以讓你獲得出色的報酬率。這種傳統的復興型股票一直是波頓的特別情況基金的重要持股,過去幾年來也變得更加重要。

但是這些股票並不是波頓找尋的唯一的特別情況。他找尋的標的企業還包括:由於未受到充分研究,以致於股價不合理的企業;以及擁有成長潛力,但尚未獲得其他人認同的企業。事實上,波頓的重要成就在於,他以超越有聯利保或是其他主流資金管理公司的勇氣,秉持著與眾不同的選股概念,加以發揚光大。

以風險的角度來看,這種做法要付出代價。雖然波頓以高度分散投資的方式管理基金,這意味著他手中持有許多會讓其他人思考再三的股票。這種做法未必總能奏效,許多投資顧問熱中於研究每一檔基金的統計數據:讓這些顧問最感興奮的評估方式之一是,某基金的持股內容與股市指數的差異度(所謂的「追蹤誤差」〔tracking error〕)。在英國的股票基金當中,波頓的基金群,是追蹤誤差值最大的基金之一（註8）。

波頓採取的逆向型選股策略是否具有極高風險,這是一項可以爭論不休的長期議題,本書稍後還會加以討論。

　　毫無疑問的是，這種策略意味著，基金經理人在選股時必須格外小心謹慎。不幸事件以及偶發的重大災難，都是無法避免的結果。

　　一路走來，波頓也經歷過許多災難，包括駭人聽聞的 Polly Peck、Mountleigh 以及 Parkfield 集團，在波頓的持股期間，這些公司不是宣告破產，就是必須仰賴他人伸出援手。

　　波頓最近差點面臨某個類似局面：英國鐵路公司（Railtrack）面臨再度國有化的威脅，在富達跟其他股東聯手採取法律行動對抗英國政府之後，才化解了這項危機。

　　對於一個未能受到敬重的經理人來說，缺乏廣泛分散投資的基金實力，或是背後沒有富達的市場影響力的支援，這些慘痛經驗可能會太過沉重，但是今天的波頓已經建立起足夠的名聲，能夠安度這些偶而出現的挫敗經驗。

　　他在進行一場投資賽局，他有信心，平均而言，手中握有的珍寶數量超過災難的數量。根據波頓的同仁表示，能夠挑選出高於合理數量的贏家股票，同時有避開災難的能力，事實上便是波頓身為投資人的最重要優勢之一[9]。

---

9　請參閱第75頁的亞利士‧哈蒙─錢柏斯(Alex Hammond-Chambers)的評論。

## 波頓喜歡的股票

由於性喜分析，而且經常得對基金群的客戶解說自己的投資方式，波頓將在特殊情況下自己想要購買的股票分成許多類型，但全都歸類為「不流行或是價值受到低估」的股票。多年下來，這種做法出現了一些細微的改變，雖然背後的基本原則始終如一。

波頓在早期對投資人發布的報告中列出八大類別：小型成長股、復甦股、資產股、新發行股、參與競標的企業、能源與資源股、組織重組或改變營業項目的企業，以及新興科技企業。在近期舉辦的說明會當中，波頓已經將這份清單修訂為六大項目，分別為：復甦成長股、未獲注意成長股、價值異常股（valuation anomalies）、企業潛力股（corporate potential，主要是指可能遭併購的對象）、資產股（asset plays）以及產業套利股（industry arbitrage）。在本書第二章當中，波頓將詳細說明這種分類方式背後的理念。

在波頓早期的多項成功經驗當中，對於自己發現Mersey Docks & Harbour Board這家公司尤其感到自豪。這項投資可說是一項經典範例，因為根據傳統的看法，這家

公司根本就是一項災難，最後卻成為彼得‧林區所說的讓投資人獲利十倍的股票（tenbagger）。

多年以來，由於工黨政府推行的碼頭勞工就業方案，致使該公司背負著執行這項嚴重錯誤政策的龐大成本壓力。不管實際的勞工需求為何，該方案保證該地區所有碼頭工人的就業機會。柴契爾夫人的政府宣布終止該項方案，卻要求負責營運的企業負擔碼頭工人的資遣費。

波頓看出，該公司當時坐擁一項價值連城的資產投資組合，但其他人並未看到這一點。當保守黨政府將另一家經營碼頭業務的企業聯合不列顛港口公司（Associated British Ports）民營化之後，政府沖銷了該公司的大多數資遣費負債，以確保這項民營化計畫能夠成功。

波頓的算盤是，Mersey Docks & Harbour Board 也會發生類似的結果。事後證明他是對的：事實上，英國政府後來沖銷了全部的資遣費負債，使得該公司不僅坐擁大筆資產，而且在營運上頭一次出現相當不錯的獲利。幾年之內，股價便成長了十倍。

波頓的「企業潛力股」也值得注意，他認為「企業潛力股」純粹只是「可能遭併購目標」的委婉說法，這種說法不完全正確，但是，波頓從不諱言，自己喜歡找尋經營

團隊或是主導權可能出現改變的企業。他認為,這對一位專業基金經理人來說是合理的做法,而他的許多同業卻不智地加以忽視。

1990年代,波頓曾經因為投資電視公司而獲致驚人的成效。在他投資的六家電視公司當中,五家公司後來被其他公司收購,這反應出電視產業的一項共識:原先由政府成立的小型、寡佔性質的區域性電視台,無法在衛星與數位科技當道的現代社會中生存下去。

在更近期的2003年,在卡爾敦(Carlton)以及葛納達(Granada)這兩家獨立電視公司的合併案當中,波頓扮演了關鍵性且出人意料的重要角色。

光是根據一般性的原則,波頓便能夠早先他人看出,電力公司的民營化是另一個可能出現整體產業併購風潮的地方。

對投資人來說,波頓投資手法的整體精神在於,在難聞的氣味後面,往往藏有某些芳香撲鼻的東西,只要你肯放手去四處探尋。並不是所有表現失色的企業都是無藥可救。對一位逆向型投資人來說,其中竅門在於,掌握這些有趣的想法,你必須看出即將出現轉變的可能性,並且搶在整體市場完全了解之前,體認到這項轉變的優勢何在。

　　「我的經驗是，」波頓表示，「大多數投資人會避開近期表現不佳的企業，這種反應製造了買進的機會。」最近，由於基金的規模與影響力的大幅成長，波頓持有某企業股票這項事實，往往意味著他處於一個有力的位置，可以推動或是阻撓該企業股權的變化。在波頓握有大宗持股，而其表現欠佳的企業當中，他已經成為一位推動改革的推手，而不太是被動的投資人。

## 廣泛撒網

　　在他管理特別情況基金的早期階段，波頓沒有太多內部的研究支援，他表示，他的大多數想法來自於經紀商，他早期記錄的筆記可以說明這一點。波頓早期對於投資人發布的報告中肯定地指出，富達跟超過五十家以上的倫敦與區域性的經紀商有來往，後者對分析區域性的小企業尤其有幫助<sup>（註10）</sup>。

　　不過，即使是在當時，他還是喜歡廣泛撒網。「我的做法一直是廣泛聽取多方消息來源，然後從中精挑細選。

---

10　例如，請參閱1981年5月的特別情況基金信託報告書。

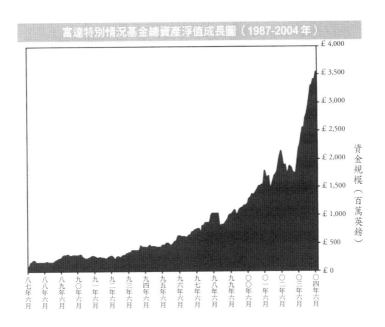

富達特別情況基金總資產淨值成長圖（1987-2004年）

這就像是嚴格的篩選過程。你面對著許多投資機會，然後從中挑選少數幾個標的。」

　　儘管富達本身擁有優秀的內部研究團隊，波頓還是會利用許多來自經紀商的資料。部分原因不僅在於，富達的研究團隊無法涵蓋廣闊的股票世界中的每一檔股票，也是因為波頓與生俱來的投資信念：投資人應該盡可能接觸最多的投資資訊。

　　波頓表示，倚賴經紀商這種做法的問題在於，「他們往往很懂得說服你買進股票，卻不太懂得說服你賣出股票。如果他們說服你買進的股票表現欠佳，他們往往沒有興趣幫助你追蹤該股票的表現。在以前，當經紀商認為某檔股票可以買進的時候，他們會先告訴少數幾個他們喜歡的客戶。政府主管機關現在要求，經紀商必須同時對所有客戶發布訊息，因此，現在的情況變得有些混亂，如果經紀商有非常好的投資標的，結果是會有少數投資人買進，較大的客戶並不會進場。」

　　因此，對富達這樣的大型投資機構來說，即使該公司擁有一個好的投資標的，訣竅在於，要想辦法比整體市場早先一步買進或是賣出股票。富達目前設有專屬交易室，以執行波頓與其他基金經理人的交易，但流動性管理依然是一項議題──主要的原因在於，基於目前的營運規模，富達很容易就會成為波頓所喜好的中、小型企業的最大股東。

　　因此，對波頓來說，進出股票不像從前那般輕鬆容

---

11　2003年11月，波頓針對基金規模回答《週日電訊報》：「我的確相信，一檔基金的規模的確有可能成長到無法管理的地步，但我不確定確切的數字是多少。」

易,至少在英國市場是如此。隨著他的基金群規模不斷成長,他對投資股票的選擇一直介於信守基本原則,找尋更多不再流行的小型股,或是改弦易轍,在較大型的掛牌企業當中找尋價值股。

從1990年代中期起,當基金規模暴增為同類型基金中資金規模最龐大者之後,波頓選擇雙管齊下。基本上,他依然偏好選擇中、小型類股,部分原因在於彼得·林區與富達的其他基金經理人也偏好這種做法。但是,當股價顯得具有吸引力的時候,波頓同樣樂於持有較大型的股票,舉例來說,波頓發現,接近2003年年底時,某些大型個股的股價開始變得有吸引力。

由於堅持採用同一套價值型操盤手法,來管理一個規模更加龐大的投資組合,波頓更需要與分析師和基金經理人團隊密切合作。「我真的需要這樣的團隊來幫助我監督各項投資組合中的兩百多家企業。事實上,分析師替我所做的主要工作,便是幫助我監督持股企業。」

波頓表示,基金日漸成長的規模,肯定會拖累未來的操盤績效,雖然結果不至於是一場災難。「這意味著我可能不會看到我的基金出現在績效排行榜的前10%,不過,我的目標是進入前25%,我相信可以達到這個目標。」

　　基金規模是否過度成長，以致於難以在未來創造高於平均的報酬率，這個問題持續引起許多財務顧問的關注，因為他們的客戶都因為波頓的專業成就而獲利匪淺（註11）。富達小心翼翼地管理旗下的基金群，但是，沒有任何基金經理人能夠像波頓一樣，長期締造卓越績效，當時機到來的時候，各界將會屏息以待與波頓繼任者有關的訊息。

　　投資復甦型股票，以及其他受波頓青睞的不受市場歡迎類股，何以會獲致如此成功？就波頓來看，答案在於市場的「從眾行為」（herdlike behavior）。「你一定要善加利用股市的過度反應做為優勢。檢視復甦股，迫使你逆向操作。採取跟一般大眾同樣的做法，會讓大多數人感到安心。如果所有人都告訴他們伏得風（Vodafone）是一家好公司，那麼，他們就會願意相信伏得風是一家好公司。如果有三家經紀商打電話告訴我某檔股票值得買進，我通常會說，『這看起來不太好。』市場會過度反應。市場會對

---

12　史萊特是1960年代晚期／1970年代早期的多頭市場中的知名投資專家。他根據他太太的一段話而將他自己的信念取名為祖魯原則，這指的是，成功之道在於對小事情進行深入的研究。

13　按照內線交易法，根據未公開的資訊買賣股票屬於違法行為。

某些事情過度樂觀，對其他事情過度悲觀。我也覺得市場相當短視，而且不重視某些考量因素，像是企業的長期發展動力。」

　　任何認真的投資人都必須擁有的一項關鍵優勢是，相對於市場中其他人的資訊優勢。「一般而言，我不太願意對某些總體經濟因素以及像油價等議題表示看法。我的看法何以會比其他數以百計的人正確呢？但是，如果你檢視某家小公司，在跟這些公司進行過會議之後，你有時候會覺得，『老天，在當下這個時候，我對該公司的了解，或許比其他人都要來得透徹。』這就是吉姆‧史萊特（Jim Slater）的祖魯原則（Zulu Principle）(註12)：如果你是某件事情的專家，不管這件事情在整個大環境下看起來多麼渺小，你就會比其他人佔有一項優勢。我要對自己比其他人佔有優勢的事情進行賭注。我們也利用富達身為全球最大投資人之一的強大勢力，跟企業進行接觸並取得資訊。我說的不是內線消息，而是許許多多的片段資訊，當你將這些資訊拼湊起來之後，你就會比一般投資人更清楚狀況(註13)」。

## 在歐洲獲致成功

　　波頓的事業生涯中許多值得稱頌的事蹟之一是，他的操盤績效證明了，他的選股方法在兩種不同的投資環境中均能奏效。很少有基金經理人像波頓一樣，能夠同時在英國與歐洲兩地的股票市場當中，成功地管理一項積極的股票投資組合。尼爾斯‧陶布（Nils Taube）是其中之一，但其他的人為數不多。

　　波頓早期對歐洲股票發生興趣的部分原因在於，他渴望到其他投資人不感興趣的地方找尋股票。「我於1980年代初期開始對歐洲股票產生興趣。對一個喜歡沒有人研究過的股票的投資人來說，當時的歐洲真是令人不可思議，因為投資界對歐洲市場完全沒有研究。歐洲股市對資訊的反應方式相當不成熟。目前這種情形已經出現大幅的轉變；並非徹底改變，但已經有大幅的轉變。」

　　傳統上來說，基金經理人往往認為英國與歐洲是兩個相當不同的區域。「你讓通曉多國語言的人才去管理歐洲大陸，」波頓回憶道，「不過，語言跟操盤績效兩者的相

14　價值對現金流量比的計算方式是，將企業的經濟價值（企業股票的市值加上淨負債），除以現金流量總額（約略相當於營業利益加上折舊費用）。

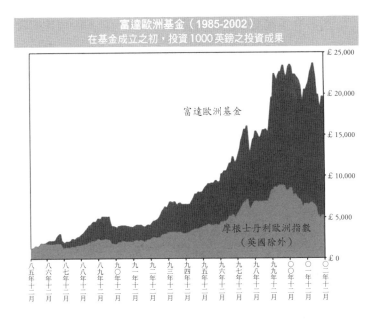

富達歐洲基金（1985-2002）
在基金成立之初，投資 1000 英鎊之投資成果

關性很低。你的最佳人才放在英國、美國與日本，歐洲大
陸放在最後。」

　　不成熟的市場加上競爭有限，使得當時的歐洲看起來
像是一次有把握的賭注，雖然波頓還補充說道：「由於我
在語言上無法發揮長才，我或許是管理歐陸基金的最後人
選。但是，我對投資小有了解，能夠看出其他人看不到的
一些事情。」

　　對於在英國接受訓練的投資人來說，歐洲股票比美國或是英國股票更難分析，而且有充分的理由存在。舉例來說，歐洲的會計慣例不同，資訊的揭露傳統上也比較不足。某些國家往往還有複雜的交叉持股與股權結構等問題有待解決，像是法國。如果你認為英國的盈餘數據不可靠，那麼，歐陸企業公布的盈餘更難令人信服。

　　波頓因此偏好採用其他的評價比率，像是以企業價值對現金流量比取代傳統的股價本益比（註14）。波頓指出，這便是大多數企業在評估是否要進行併購時，用來評價對方的方式，因此對投資人來說，這也是一項有用的工具——尤其是像波頓這種有興趣找尋可能遭併購企業的投資人。

　　富達分析歐洲股票的方式是，比較兩個不同國家的相同產業的價格。「比方說，你會檢視英國的食品零售業者，像是聖伯利（Sainsburys）跟特易購（Tesco），然後跟歐陸的家樂福（Carrefour）進行比較，諸如此類的。我相信，如果你想研究一家義大利保險公司，你會想先聽聽對保險業有所了解的人的想法，之後再徵詢對義大利有所了解的人的意見。你在英、美這些比較複雜的市場當中學到的事情，可以幫助你看出歐洲市場的異常現象與機會。這

通常是我努力在做的事情。」

　　有時候，市場的趨勢往往正好相反。英國能源公司（British Energy）是負責英國所有核電廠營運的民營化企業，波頓買進該公司股票的原因，不僅光是因為其他人不願意買進該股票——「核能」正好是經典的「聲名狼藉」字眼——也是因為其他類似的歐洲公共事業公司的本益比較高，使得這些歐陸企業的「核能折價」較低。

　　不管在哪裡進行投資，波頓一直都很小心謹慎，不會光是根據廣泛的總體經濟因素而買進股票（同樣的道理，他也很少試圖進行時機交易）。例如，他曾經告訴我，從總體經濟的角度來看，投資歐洲股票「並不是很好的做法」。他認為，在歐洲推動聯邦制的做法，事實上相當不利於股市的成長。但是，歐陸企業在早期階段的結構改變可謂是平衡做法，有助於提升股票在歐洲大陸受歡迎的程度，企業也變得比較願意對投資人多揭露一些資訊。波頓表示，德國公司是目前唯一依舊堅持歐陸傳統做法的企業，他們依然拒絕接見有意來訪的投資人，但這種現象目前也在改善當中。

　　波頓的歐洲投資組合的管理方式，大致上跟他的英國基金群一樣，但是比較偏重於投資較大型的企業。歐陸基

金強調的還是投資市值介於五千萬到五億英鎊的中、小型企業，但投資於大型企業的部位也不少（投資比例約佔投資組合的25%）。

波頓表示，歐洲企業浴火重生的案例比英國要少，但是有比較多股票的股價明顯低於資產的價值。理由之一在於，企業在英國遭併購的機率，比大多數歐陸國家高出許多。在英國股市，股價長期低於資產價值的企業，有可能成為併購的對象。相形之下，併購競賽在歐洲大陸罕見許多，因為歐陸企業的主要投資人是銀行，不是法人投資機構。

波頓能在競爭對手當中鶴立雞群的主要原因在於，他採取的是由下而上（bottom-up）的投資方式。許多歐陸基金係根據資產配置的理念進行投資——法國投資多少比例，德國投資多少比例——但帶動波頓的基金績效的理念，幾乎全都在於波頓可以在何處找到最好的價值。

因此，他的基金看起來非常不同於一般的競爭對手：例如，1990年代的大部分時間，波頓的投資比重高度集中於北歐國家。波頓表示，其中部分原因在於，跟其他歐洲國家相較起來，比方說法國、義大利，北歐國家比較願意跟投資人溝通，也比較願意考慮投資人的利益。

　　但這項做法也強化了波頓操作手法的基本前提：如果你的做法跟其他人一樣，最後的投資績效也會一樣。事實上，如果波頓發現，他的投資組合的投資比重跟其他競爭對手一樣，這就違反了他的投資理念。富達以外的基金分析師一再表明，波頓基金的投資比重很少跟其他基金一樣。

　　不過，他的確會注意投資組合的整體平衡，以確保基金不會過度倚重任何單一投資題材或市場；例如，在他的歐陸基金群裡，除去主要的市場（德國、法國、瑞士與荷蘭）不談，沒有其他國家的投資比重曾經超過總額的20%。

　　他的英國基金群的情形也是如此，他對各類股的投資比重，跟股市大盤的相關性非常低，這項資訊經常會出現在他的基金群的年報當中。他認為，自己沒有必要因為別人都在買進某個類股，就在自己的基金群當中塞滿同一類股的股票，他覺得這種做法是在跟自己過不去；他寧願買進其他類股當中價格比較具吸引力的股票。

　　不過，波頓很少完全不投資某個類股，除非出現非常特殊的情形，像是1999至2000年牛氣沖天的多頭市場，波頓幾乎沒有持有任何當時流行的TMT類股（科技、媒

體、通訊股）。波頓管理投資組合風險的主要方式是，絕
對不讓任何單一持股危及整個基金：在他的基金當中，很
少有單一持股超過基金資產的 3%，他投資單一類股的比
例也很少超過 30%。

## 放眼歐洲

雖然波頓已經交出管理歐陸基金的責任，他將投資眼
光放諸到英國之外的風格依然屹立不搖。英國特別情況基
金一直擁有一項權限，允許波頓將最高 20% 的基金資金投
資於英國以外的地區，波頓也經常善加利用這個機會。

事實上，他近期雖然只是偶而達到這項 20% 的投資門
檻，1980 年代，在基金的資產負債表結帳日之時，特別情
況基金的資產有時候會有高達 25% 的比例投資於英國以外
的地區。

特別情況信託基金的早期報告書當中，會突然出現一
些名不見經傳的外國公司，這些公司後來消失的速度，就

---

15 非英國的投資部位，較難對波頓的基金與其他英國股票基金進行比較，因
　 為後者有可能百分之百投資於英國股票。

跟原先出現的速度一樣迅速。例如，1981年9月，該基金有超過5%的資金投資於挪威與澳洲兩國，主要的投資標的是石油與礦業類股。五年以後，許多義大利的股票曾經短暫地出現在他的投資組合當中。

另外有一段時間，據說波頓買進歐元債券（Eurobond）的認購權證。1990年代，波頓再度買進挪威石油公司的股票；在比較近期的時間，他搭上中國經濟成長的順風車，買進了好幾家中國企業的股票。

波頓的操作手法難免會讓投顧界感到不知所措，因為投顧界的複雜分析模型所倚靠的，是其所分析的基金要能展現所謂的「風格純度」，波頓能夠到其他地區進行投資的能力，讓他點石成金的功力如虎添翼。

他的理由很簡單：「我一直都在投資其他國家。這符合我的風格，也符合基金持有人的利益。我沒有理由不繼續這麼做，尤其不繼續投資我對其中某個市場或產業有特殊了解的國家（註15）。」因此，波頓強調，他所買進的海外股票，幾乎總是並未受到其他分析師密切追蹤的企業，或是他自認擁有競爭優勢的企業。

雖然他偶而會持有某些美國股票，這些企業不會是知名的公司，而是規模較小，通常與英國有某種特別關係的

公司——例如，Cadiz Inc.是一家擁有美國水權、股票在美國掛牌交易的加州公司，但資金主要來自英國投資人，執行長也是英國人。同樣地，當他持有澳洲運輸公司TNT的股票時，該公司當時有80%的業務都在歐洲。

波頓多年來一直在歐洲各地拜訪企業，這意味著他依然擁有自己可以善加利用的豐富知識，自從他交出富達歐陸基金群的管理責任之後，他也加碼投資自己操盤的英國基金群的歐洲持股。這些持股持續對他的投資組合做出貢獻。

此外，波頓對中國的興趣，部分出自於價值搜尋者對價值的嗅覺，但有部分原因則是因為波頓認為，對任何想要找尋新股票的投資人來說，目前的中國是全球最有希望的地區。2004年秋天，他在中國與香港待了兩個星期，拜訪了四十家公司。不久之後，他也拜訪了印度[註16]。

他的結論如下：基於三個原因，中國讓我感興趣。第一、中國是我近幾年來所見到的最有利於找尋新股票的地區之一。第二、從投資的角度來看，中國已經成為非常重要的一股勢力，可以決定世界其他地區的命運。造訪中國，看看當地的現狀，給了我很好的機會，讓我能夠比其

---

16　富達於2004年10月發行了一支中國基金與一支印度基金。

他投資人建立起一項優勢。最後,在交出歐陸基金群的管理工作之後,學習了解一項新興領域的本身就是一項新的智力挑戰,可以讓我保持興趣、警覺。

富達在遠東地區設有當地的研究團隊,波頓一直在利用自己當初觀察歐洲市場發展的經驗,幫助遠東地區的研究團隊找出他認為最具潛力的企業。波頓表示,投資中國的最大風險,不在於找尋具有吸引力的買進機會,而是企業的監督體系並未像應有的那般明確(也就是說,你的錢能不能拿回來?)。

到目前為止,波頓在中國進行的少數幾項投資都有西方世界的合作夥伴,這便是原因之一。在波頓的整體投資組合當中,中國持股比例依然不高。令人訝異的是,波頓表示從來不曾停止思考,長久下來,他的海外持股對他的投資績效是否有實質的貢獻。

## 投資構想的來源

波頓表示,他的投資構想很少是憑空出現,而是在他心中不斷累積,直到他確信,某個股票的確是應該買進或賣出的對象。你必須知道好企業的標準何在,同時還要了

解，應該如何評價這類型的企業。既然如此，重點便是要找出異常的現象，消化吸收市場中出現的新資訊，慢慢培養出信念。

「信念時強時弱，很多時候，你會對所有事情感到無法確定，但是，如果你有一股堅強的信念，你就得全力以赴，這一點非常重要。」換句話說，當他堅決相信，自己已經找到一檔贏家股票的時候，他便會投入大筆資金，就算這意味著他的基金會比許多競爭對手的基金更加集中投資也在所不惜。

即便如此，除非市場上突然出現大量的股票可供收購，否則，他通常的做法是分階段建立投資部位，先收購一些股票以測試水溫，接著，如果市場的反應支持他的看法，那麼，隨著信念日漸增強，波頓就會加碼投資。

波頓坦承，即使在進行一筆金額可觀的投資之後，他

---

17 出自 2002 年 4 月號《Citywire Funds Insider》雜誌。波頓在這場專訪中表示：「投資這一行很奇妙，有時候你要手法靈活且心無成見，有時候又要懷抱信念，支持某些你認為價格錯誤且價值受到低估的股票。」

18 伊安‧洛許布魯克是位於愛丁堡的個人資產管理信託公司（Personal Assets）的投資處長，這家以個別投資人為客戶對象的基金公司的特色在於長期投資。在多數年頭裡，洛許布魯克的投資組合的內容只會更改四到五次。他的理由是，少數幾個正確的決定，比一大堆錯誤的決定要來得划算。

也不是總能確定,自己的決定是否正確。「有些人似乎認為,像我這樣的人一定總是對自己的所作所為信心滿滿,」波頓於2002年在接受專訪時如此表示,「但投資這一行並非如此。你會經常質疑自己的信念(註17)。」

不同於喜歡持有股票很長時間的「買進持有型」投資人,波頓的做法通常是,一等股價充分反映價值後便脫手賣出。那個時間點,便是波頓找尋其他投資標的之時。他對某項投資的投資期限通常是一到兩年,在例外的情形當中(像是Securicor公司)投資期限有可能更久。

這一點有助於說明,他的投資組合的週轉率(turnover)何以會如此之高:70%的投資標的每年會改變。他對一檔股票的平均持股期間是18個月。對於一位找尋股價異常的股票、根據眾多資訊來源產生投資構想的投資人而言,結果便是如此。這種做法明顯不是伊安‧洛許布魯克(Ian Rushbrook)等人的投資風格(註18)。

然而,當我問波頓,誰對他的投資風格影響最大時,他回答的第一個名字是華倫‧巴菲特,雖然後者的投資風格跟他大不相同。波頓表示,雖然巴菲特持有的股票數量不如他來得多,也鮮少進行交易,巴菲特卻教會他兩種理想的投資標的:具備堅實經營權的企業,以及有能力創造

自由現金流量的企業。

波頓也表示，他也採納許多「彼得・林區的做法」，他將這樣的做法定義為「親力而為的投資方式，拜訪標的企業，並且堅決相信，如果你能預估盈餘，你便能預估股價。」

最後，他也認同陶布的看法，也就是說，從某方面來說，專業投資這場賽局的成功也要靠剽竊他人的想法：找尋其他人所發現的絕佳投資構想，當發現這些構想時，要竭盡所能加以仿效。

波頓有點像他自己買進的各種種類與數量的股票，在說明影響他的投資風格的主要因素時，波頓採取一種「兼容並蓄的方式」。例如，波頓希望成為反向操作投資人，也願意參考技術分析圖形以了解其他人在買賣哪些股票，但這兩種心態顯然有相互牴觸之處。雖然波頓自認是一位「價值型投資人」，也因此而聞名於世，但對可能被其他人

---

19　事實上，「成長」與「價值」兩者之間的界限並不清楚——快速成長的企業，可以因為各界對其評價過低而提供價值，雖然該公司未符合傳統的價值型股票的標準，像是高於平均的股利或是低股價淨值比。波頓最了不起的成就之一在於，早在諾基亞（Nokia）尚未成為全球手機領導品牌之前，便看出該公司的潛力。

20　史萊特現在不是那麼質疑技術分析。他表示，檢視技術圖形有其價值，可以了解買賣雙方的勢力均衡現況。

歸類為「成長股」的企業也是目光獨到<sup>（註 19）</sup>。

## 運用技術分析

在頂尖的投資人當中，波頓樂於承認，自己總會利用到許多技術分析或是線圖，來支援他的投資分析，這一點相當不尋常。以投資的術語來說，所謂的圖形專家（chartist）指的是，一個人企圖根據股票過去的表現並採用各種技巧，以預估股市未來會出現的贏家與輸家股票，這些技巧各不相同，有些令人讚嘆，有些則是荒誕無稽。技術分析的基本理由在於，你可以根據近期股價所包含的資訊，推算出股價的下一波走勢。

一般而言，圖形專家所找尋的是一些共同的模式，他們相信，這些模式可以說明，股價未來的走向將出現改變。許多投資人將這種投資分析斥為危險的無稽之談，雖然這種分析由來以久，而且已獲證實相當經得起考驗。

美國作家兼投資顧問約翰‧特雷恩（John Train）的這句話很能反映懷疑論者的心聲，「我認為技術圖形事實上毫無用處。」吉姆‧史萊特於三十年前觀察到，圖形專家通常是「身穿骯髒雨衣，加上背負巨額的現金透支。」照

例要提出的問題是：「你上次看到因技術線圖而致富的
人，是什麼時候的事情？<sup>（註20）</sup>」

波頓非做如是觀。波頓會利用技術圖形篩選出可能的
買進標的，並以線圖做為早期警訊，提醒他某個持股或許
會出問題。由於基金規模不斷成長，波頓越來越需要檢視
大型企業，他發現，技術分析在這一方面特別有用。

葛蘭素史克美占大藥廠（Glaxo SmithKline）是一個很
好的範例。這是一家世界級的製藥公司，重要的績優股，
但是波頓注意到，對於如此一家大規模的公司來說，該公
司的股價表現不尋常地變化不定。該公司的股價表現從
「非常受到青睞到非常不受青睞」，雖然大家都了解該公司
的基本面。

檢視葛蘭素這類股票的技術圖形，往往會讓波頓獲得
第一手資料，了解股價的週期循環是否即將進入新的階
段。多年下來，波頓試用過許多技術分析服務，但目前還
是倚重富達內部的技術分析師，並藉助美國技術分析服務
公司QAS來分析國際的股票。這家美國公司的重要優勢在
於，該公司會經常對股票進行研究，檢視重要的股票已經

---

21　波頓會在下一章說明他在1987年10月事件中的個人經驗。

抵達股價週期循環的哪個階段。

當某天我在波頓的辦公室的時候，他舉了兩個範例，向我說明技術圖形對他的思維有什麼幫助。第一個範例是法國電腦公司 Axime，他持有這檔股票已經有一段時間了。相較於其他國際性的電腦公司，這檔股票的價格看似合理。波頓喜歡 Axime 這檔持股，因為 Axime 是那種他通常會想加碼的股票，但是技術圖形卻顯示，從技術分析的角度來看，該股票正處於回檔階段，這讓波頓產生戒心。

另一範例是法國電視公司 TF1。波頓持有該公司股票多年，不僅富達的內部分析師對該檔股票的態度轉為負面，技術圖形也顯示，該股票的技術面也在惡化當中。因此，波頓清空了手中持股。他解釋，技術圖形之所以具有價值的原因在於，這些圖形可以給你一些線索，讓你了解買賣雙方之間的優勢均衡狀態；這些圖形是投資人遺留下來的足跡。

## 面對挫敗

儘管長期績效戰果輝煌，波頓的投資生涯並非總是一帆風順。他的最大挫敗出現在 1990 年到 1991 年的景氣衰

退時期，當時他的基金表現嚴重失常。在此之前，他的績效持續傲人。在成立之後的十年裡，特別情況基金累積的投資報酬率超過1000%，這種步調顯然難以為繼。

在十年當中，該基金有九年創造出正報酬率；不僅如此，在這九年當中，每年的報酬率都超過23%，即使以牛氣沖天的多頭市場來說（尤其是這段期間包含了1987年，在當時，華爾街股市在幾天之內暴跌了25%），波頓獲致的投資成果實在令人難以置信[註21]。

諷刺的是，由於特別情況基金不以年底為會計年度的結算日期，該基金資產呈現的價值變化因此起伏波動，波頓經常得在股東報告書當中，針對某些短期操盤結果進行解釋。

該基金有一份報告剛好在1987年10月公布，也就是所謂的「黑色星期一」前幾天，其中有下列這段話：「雖然目前的股價水準偏高，股市的未來表現值得憂慮，但是在此時此刻，我們相信，牛市的氣勢尚未結束。」

從某個角度來看，這句話是正確的：股市的確走出1987年10月大崩盤的陰影，呈現強勁的復甦力道，牛市

22　這句話凸顯了針對市場提出預估的危險，波頓通常會儘可能避開這種做法。

的氣勢又延續了兩年，只是，這份報告實在可以選擇更好的發布時機（註22）。

　　但是，到1990年代開始之初，英國的經濟與金融市場的確出現嚴重的衰退。1990年，波頓的基金在一年內喪失了28.8%的價值，這是一次嚴重打擊。1991年，基金出現正數報酬率，但只有3%。波頓的一些持股不但沒有像他原先預期的走出經濟衰退的陰霾，股價表現反而是一敗塗地。

　　競爭慘烈的基金管理產業，也是個相當無情的地方；倫敦投資圈不斷傳出風聲，當時已經建立起同類基金績效最佳經理人偉大名聲的波頓，已經喪失點石成金的能力。

　　有史以來第一次，該基金的五年期績效紀錄落後金融時報全股指數。富達在1991年10月份的報告中表示：「對本信託基金的投資人而言，過去六個月是一段非常令人失望的期間，我們有必要向投資人詳細說明原因為何，問題癥結何在。我們在上一份報告中指出，我們相信，英國市場已經開始出現一股新的、強勁的『向上』趨勢或是『牛市階段』，而且──如同過去的週期循環一樣 ──這項趨勢在股市人氣退潮時便已開始，而且是在明確出現復甦跡象之前……，我們太早認定，我們的投資組合中的大多

數持股企業的營運環境已有所改善。」

　　一位投資人對該基金的績效衰退感到非常不滿，寫信告訴波頓，由於他的操盤績效實在太差，他實在應該出去外面「掃大街」，這句話現在已化身為一幅名聞遐邇的插畫，高高掛在他辦公室的牆上。

　　身為自己最嚴厲的批評者，波頓後來承認，這是他最艱困的一段時光。事後看來，1990到1991年的股市挫敗，可以視為必要過程，也就是說，在股市重新邁向未來長期優異表現的過程當中，這是一段為期18個月的挫敗期。

　　但是在當時，情況並非如此明確。「我於1990年代初期經歷了一番深刻的心靈探索，當時的表現令人失望，」波頓於1998年如此對我說道。「如果遭遇一次嚴重的經濟衰退，這對我的投資顯然是壞事。問題是：我應不應該改變做法？謝天謝地，我並沒有，因為那將會是死亡之吻。如果從事一種你沒有信心的投資，最後會徹底失敗。」

　　從那時起，波頓跟他在富達的同仁們花費更多心力，追蹤授信分析師們在揭發可能的企業弊端時所採用的「z評分」（z scores）與其他工具。在當時，這種情形意味著，波頓因此疏忽了他的份內工作。波頓否認這樣的指

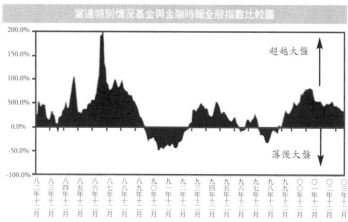

富達特別情況基金與金融時報全股指數比較圖

註：在一開始威震八方的優異表現之後，富達特別情況基金於1990-1992年間
　　表現落後大盤，1997-1998年再度落後。

控，但承認自己從當時的經驗中學到了許多教訓。

　　波頓當時的論點是，他的基金的高於平均的波動率，
是他本人跟他的基金投資人必須學會接受的事實。「在行
情退潮的時候，我所投資的中型企業的表現往往比大型企
業更糟。這是我必須付出的代價。對於這一點，我確實無
能為力。」

　　波頓目前仍然抱持這樣的看法。他告訴我目前的態度
是：「我不介意投資高風險、財務狀況極差的公司，只要
我非常了解該公司就可以。會對我們造成傷害的，是財務

問題遠比我們所了解的還要嚴重的少數幾家公司。我們不
希望重蹈覆轍。基於這個原因，我們現在會對資產負債表
進行更多研究。」

諷刺的是，波頓認為，他的持股在1990到1991年的
景氣衰退期間表現不佳的另一個理由，或許是富達要求跟
投資標的企業保持密切聯繫所造成的結果。上述衰退期不
同於前的地方在於，即使是因為這次經濟環境轉變而受傷
最慘重的企業，也對這次景氣惡化的幅度感到震驚。例
如，當時並沒有出現企業董事大筆賣出股票的情形，如果
企業完全了解自己即將面臨的打擊，你通常會預期這種情
形發生。

但是，雖然波頓坦承自己的基金的波動率高於平均
值，他的結論卻是，「我採取的做法會在中長期之後開花
結果。你為什麼要因為偶而經歷了一段不順遂的時間，就
打亂自己的腳步呢？（註23）」

波頓表示，無論如何，好的投資經理人不應該對自己
的失敗過度在意，接受責難是這個行業的一部分。「你必

---

23　1997年1月接受彭博社專訪。

24　引述自1991年10月號《財務顧問》（*Financial Advisor*）雜誌。

須能坦然採取跟其他人不同的看法。如果有五個人說你是正確的——大多數人都會喜歡聽到這樣的話——你會因此感到比較有自信。我不是一個情緒化的人，我認為這是管理資金的唯一方式。你對股票必須採取非常理智的做法，也必須做好承認錯誤的準備。這是會讓你受傷的行業，這個行業不斷在改變，不斷有挑戰。你必須跟著環境不斷改變，不要死抱著去年或前年的成功標的不放。同樣重要的是，你需要有願意度過困境的雇主的支持。<sup>（註24）</sup>」

## 多頭市場之外

結果證明，1990年代是波頓生涯中表現出色的十年，雖然不是表現最佳的一段時期。這或許跟下列這項事實有關：當時的他管理著兩筆龐大的資金，一筆資金投資歐洲股票，另一筆則是他的英國基金群，但是，以連續三到五年期的表現來看，波頓的英國基金曾經有幾次表現遠落後大盤。沒錯，該基金的投資人還是有理由感到高興，因為他們的絕對報酬率始終都是正數。

自1990年1月起投資該基金的投資人，平均五年期的報酬率是119%，相形之下，金融時報全股指數的報酬率

是70%。但是，股市走勢並非總是有利於波頓的操盤手法，他的相對績效有一段時間備受壓抑，尤其是在多頭市場接近尾聲，市場的樂觀情緒到達一個難以為繼的新高點之際，至少在英國市場是如此。

波頓於1998年接受《法人投資機構》（Institutional Investor）雜誌的專訪中告訴我，在他的事業生涯當中，想不起來有哪一次，他所偏好的中小型股票，會像當時那樣受到其他投資人的迴避；或是對一位逢低買進的投資人來說，這類股票的價格會像當時那般具有吸引力。

他說得沒錯，但是由於市場一直大買主流類股，而且當時很快就要受到網際網路熱潮的衝擊，投資人因此忽視他幾乎十八個月的時間。

他的投資信託基金的折價擴大到史無前例的25%，創造出一次罕見的機會，讓聰明的投資人能以低價借助波頓的選股技巧；就市場而言，特別價值基金可說是特別情況基金的溫度計，持股幾乎跟特別情況基金一模一樣，並於2001年出現溢價，此後幾乎很少出現折價。

在截至2003年底的五年期間，特別價值基金創造出120%的報酬率，特別情況基金的同期報酬率是168%，而在同一段期間之內，因空頭行情而走勢蹣跚的大盤損失了

| | 波頓 | 大盤 | 差異 |
|---|---|---|---|
| 一九九○年代中期多頭市場<br>1993 年 3 月至 1996 年 3 月 | 73.2% | 48.5% | 24.7% |
| 多頭市場晚期<br>1996 年 3 月至 1999 年 3 月 | 40.3% | 71.2% | -30.9% |
| 多頭市場末期<br>1999 年 3 月至 2000 年 3 月 | 29.3% | 9.9% | 19.4% |
| 空頭市場<br>2000 年 3 月至 2003 年 3 月 | 3.8% | -39.3% | 43.1% |
| 市場復甦<br>2003 年 3 月至 2004 年 8 月 | 58.9% | 34.0% | 24.9% |

5%的市值。

事實上，自從上一個大多頭市場結束以來，波頓的基金群的表現，反映出波頓的投資天分的另一個面向。雖然波頓以能夠在股市向上攻堅的過程中打敗大盤而建立名聲，自從股市於 2000 年 3 月攻頂之後，他隨後的表現或許更值得讚揚。這樣的表現當然強化了他的名聲。

如同我們現在所了解，網路泡沫的破滅，以及相關的 TMT 類股（電信、媒體與科技類股）的蔚為風潮，隨後卻出現了一個世代以來最慘烈的空頭市場。從 2000 年 3 月的巔峰到 2003 年 3 月的谷底，以金融時報全股指數為代表的英國股市下跌了將近 50%。大多數積極管理型的股票基

金也隨之重挫。

　　許多基金經理人操盤的基金，在上一波多頭市場的最後階段一路飆高，結果卻是一群只懂得一招半式的紙老虎，數十檔積極管理型基金喪失了超過70%的資金。

　　根據傳統分類，波頓的基金屬於高於平均風險的基金，因此，該基金所受的傷害理當超過大盤。然而，如同上表數字顯示，富達的特別情況基金雖然無法倖免於難，所受的傷害卻輕微許多。事實上，波頓是少數幾位能夠在2000年3月到2003年3月這段期間當中創造出正報酬率的基金經理人之一（註25）。

　　波頓表示，他的基金表現之所以能夠持續出色，有許多原因存在。其中一個理由可以回溯到市場攻頂的前幾個月，在當時，電信、媒體與科技這三種類股，全都不分青紅皂白地跟網際網路扯上關係，這些類股「火紅」到股價完全脫離現實的程度。這三個類股一度佔英國股市整體市值的40%。

---

25　金融時報全股指數接近50%的跌幅，與下表所示的39.3%整體報酬率跌幅兩者之間的差異，理由在於股利。為了確保能有公平的比較，在本書當中，富達特別情況基金（不支付股利）與金融時報全股指數（其中許多成分股公司派發股利）兩者表現的所有比較數據都經過股利調整。

然而，波頓幾乎沒有擁有這三個類股的股票：拒絕放棄自己追求價值的紀律，波頓正在悄悄地加碼其他數十檔股價並未受股市泡沫影響的股票，從歷史的角度來看，這些股票當時的股價低到不合理的地步。

這使得波頓的基金當時的表現落後大盤，卻確保了一件事情：一旦泡沫破滅，基金績效將會強勁恢復。富達特別價值基金的董事長亞利士・哈蒙─錢柏斯認為，這是波頓表現最佳的時期之一。

「在當時，將投資組合的一半資金投入TMT類股，並非不尋常的做法，因為這些是指數的主要成分股，其他人也都在買進這些類股。但是，如果你想成為特別的投資人，又喜歡規避風險，就必須做你認為是正確的事，絕不能受到群眾的左右。大多數基金經理人都是旅鼠（譯註：一種哺乳類動物，傳說會集體自殺），安東尼・波頓則是旅鼠的對照組。」

尤有甚者，波頓不會陷入群眾迷思，他不會覺得，如果某個受歡迎的類股當中的某檔股票的股價本益比，只有同類型龍頭股的一半，該股價因此一定很便宜。結果證明，即使在TMT類股中「最便宜」的股票，股價也嚴重受到高估。

　　波頓的英國基金群的表現如此出色的第二個原因在於，隨著投資人在股市行情火熱的時候，競相追逐越來越不可能美夢成真的科技成長類股，價值型投資因而越來越受到忽視，但現在這項做法又流行起來。派發股利並享有高股利的股票，或是本益比或淨值比偏低的股票，幾乎在一夜之間又開始受到投資人的青睞；股價本益比或是淨值比都是經典的價值評量標準。

　　在這樣的氣氛之下，身為重視價值的投資人，波頓的相對表現比其他人出色許多。在此同時，自 2000 年開始的大部分時間，中小型類股的整體表現都比大型股來得出色。這對波頓的績效也有所幫助。波頓投資組合當中有相當多的股票於 1999 年遭到併購，這項事實也對波頓有所助益。

　　即便如此，能夠在空頭市場當中漂亮地擊敗大盤和競爭同業，這項事實凸顯出，波頓的成就並非多頭市場的現象之一。雖然波頓堅持自己主要是選股者，而不是市場時機操作者，但波頓也證明了，他對股市趨勢培養出敏銳嗅覺。

　　2003 年 3 月，波頓正確指出空頭市場的底部位置，幾

---

26　波頓於朱比特資產管理公司（Jupiter Asset Management）的一場研討會中提出這段看法。

乎分毫不差；他的這項預言出乎各界意料，他的支持者從來沒有聽過他針對市場走勢提出如此明確的看法。這項看法並非空談：他在幾個星期之前便已向富達特別情況基金的董事會建議，基金可以加碼投資，以掌握市場即將好轉的契機<sup>（註26）</sup>。

## 聚光燈下：ITV傳奇

波頓總是小心翼翼地跟財務顧問與媒體發展並維持良好的關係，因為他了解，在英國，這兩個外部團體最能影響基金流動的方向。波頓雖然經常答應接受專訪與發表演說，卻不是一個喜歡追求知名度的人。

波頓雖然樂於討論市場動態以及他當前的想法，但是不同於某些專業投資人，談論與競爭對手有關的流言蜚語，或是利用媒體炒作自家基金的價格，並不是波頓的作風。這些做法並不符合他的個性。他跟局外人會談的時候，波頓的說法往往過於謹慎，而他針對標的企業以及其經營團隊的評論，有時候小心客氣到了難於想像的地步。

因此，熟悉他的人有些意外地發現，2003年夏天，波頓的名字出現在商業報紙的版面上，並被說成是「某項計

謀」的主謀，企圖逼退兩家最大的電視公司的領導人，卡爾敦電視公司與葛納達電視公司。

根據《週日泰晤士報》（*Sunday Times*）商業版一則頭版新聞的報導，倫敦最受敬重的基金經理人正在電視圈內搜尋人選，以便在上述兩家電視公司合併之後，取代原有的董事長麥可‧葛林（Michael Green）與查爾斯‧艾倫（Charles Allen）。這兩家公司幾個星期前宣布進行合併。該報導引述了一位未具名的倫敦產業分析師的說法，將波頓描寫成「倫敦的沉默殺手」。

這是一種引人入勝的說法，並給了這個故事一則醒目的標題。事實上，波頓在這件事情當中的立場，不過是一位表達關切的股東而已。他從 2001 年起就是上述兩家電視公司的投資人。

「我並未提議這兩家電視公司進行合併，一旦傳出兩家公司可能合併的消息之後，我當然是全力支持，」這是他回想起這件事情時的說法。「現有的獨立電視產業架構顯然有一些效率不彰的情形存在，我可以了解，如果處理

---

27 《週日泰晤士報》商業版的編輯威廉‧路易斯（William Lewis）提出反駁，富達這段話完全無法否認，富達有意取代現有的經營團隊。

得宜的話，這項合併案有可能帶來極大的好處。」

在幾個星期之內，波頓徵詢過媒體界許多人的意見，想了解如果合併案通過的話，誰最適合帶領ITV。波頓表示，在這個時候，他並未跟這兩家公司的任何一位股東會談過。被報紙稱為波頓的「密室計謀」的這則新聞，由資深媒體人透露給《週日泰晤士報》，原因至今不明。

在當時，任何合併案的最大障礙在於，負責審查的政府主管機關競爭委員會（Competition Commission），是否同意讓這兩家最大的獨立電視公司進行合併。波頓回憶道，當他對這兩家公司或其顧問提出他的顧慮時，他們的回答總是，委員會還在針對合併案進行辯論，提出與合併後的新公司架構有關的議題，將會「引起騷動」，甚至可能威脅到合併案成功的可能性。

在這則消息曝光之後，波頓選擇暫時擱置自己的建議，直到競爭委員會達成決議為止，同時繼續私下徵詢各界的意見；之後，波頓卻是悔不當初。在《週日泰晤士報》的新聞見報之後，富達發布了一則措辭謹慎的新聞稿，表示該公司「全力」支持該合併案，但刻意（至少從該公司的看法來說是如此）不對經營團隊的議題表示任何意見[註27]。

直到競爭委員會於2003年秋天審查通過該合併案之

後，波頓跟他的同仁才決定積極推動該由誰來領導合併後的新公司。這兩家公司的提議是，新公司的高層職務，應該由雙方原有的高階主管出任，由卡爾敦的董事長葛林出任新公司的董事長，葛納達的艾倫擔任執行長。

波頓表示，當時各方的共識是，如果要對新公司的經營團隊做出任何改變，這些改變必須在合併的細節拍板定案之前便獲得共識。時間因此相當緊迫，加上牽涉該併購案的某些知名人物的力量，使得原先只不過是一項重大但並非致命的歧見，最後演變成為合併案雙方跟主要法人股東之間的對決，並在媒體界引起一場軒然大波。

波頓雖然是富達內部第一個針對合併後的經營團隊表達關切的人，他卻不是唯一參與其中的人物。富達的其他基金經理人對前述兩家電視公司的持股數量也相當可觀，這件事情很快便成為富達資深經營團隊需要處理的一項議題。當富達跟這兩家公司的獨立董事們會談時，波頓通常會由投資長賽門・傅雷澤（Simon Fraser）與剛獲認命負責企業監督的董事特勞尼・威廉斯（Trelawny Williams）陪同。事實上，傅雷澤回憶道，在一場他們三人同時出席的會議上，波頓一句話也沒說，他的態度多少推翻了外界的看法，說明了他並非策動這項積極股東行動幕後的唯一推手。

## 戰況日益激烈

　　無可爭議的是，在跟富達的協商當中，兩家公司的獨立董事表達了他們的顧慮，他們不知道其他股東是否同意富達的看法。波頓表示，直到那個時候，他跟他的同仁才開始徵詢其他法人股東的意見。

　　根據富達接觸其他大型法人股東的結果顯示，大家幾乎一面倒地支持波頓的看法，不同意由葛林與艾倫出任新公司的最高職位。葛林跟艾倫彼此並不欣賞，這是眾所週知的事實，兩人的個性與作風更是南轅北轍。兩家公司所提議的新的董事會結構顯然是一種妥協的安排，比較像是出於現實的考量，而不是以合併後的新公司利益為出發點。

　　波頓跟他的富達同仁認為，新的公司絕對需要推舉一位獨立的董事長，以便在併購案的雙方之間扮演中立角色。波頓透過跟兩家公司的獨立董事進行的會議，以及經由銀行團與財務顧問的口中，直接與間接地將這項看法傳達給這兩家公司。

　　在此同時，由於發覺到一則絕佳故事正在發展當中，報紙版面大幅報導這則故事。讓波頓感到不悅的是，這些

報紙不斷以針對個人的角度報導這項消息，指稱波頓利用自己身為重要投資人的地位，對電視公司的經營團隊進行一場個人的報復。「沉默殺手」的形象一旦建立，便很難擺脫。

這對波頓而言並不公平，但無疑問的是，對於參與此事的股東來說，讓富達承擔大多數壓力卻是一件好事。在富達內部，如何處理突如其來的關注讓人傷透腦筋。在公眾面前引發軒然大波不是富達偏好的做法，雖然事後看來，我們很難認定，這段ITV故事所引發的知名度，結果會不利於富達的名聲。波頓小心翼翼地表示，他反對兩家公司的提議，並非出於個人理由。即使提議出任董事長的人選是艾倫而不是葛林，他還是會希望從外部指派一位獨立的董事長。

最後，當攤牌的時刻來臨，兩家公司決定讓步，雖然是在最後。這幾乎是必然的結果，因為董事會看到證據是，多數股東都反對原來提議的董事會架構。葛納達的董事會的態度先行軟化，認定這項提議不可能如原來計畫般順利通過。葛納達的決議，讓卡爾敦的人覺得遭到背叛，

---

28　　有關該專訪的完整內容，請參閱附錄。

而後心不甘、情不願地跟進。卡爾敦的董事長葛林因此請辭，留下艾倫出任新公司的執行長。

　　一段時間過後，蘇格蘭銀行（Bank of Scotland）的前任理事長、以作風強悍著稱的彼得・伯特（Peter Burt）爵士，答應出任新公司的董事長，並在適當的時機同意由艾倫擔任執行長。之前曾提議由另一位人士出任新公司董事長的波頓表示，他對這項安排感到滿意，並且持續成為新公司的投資人。

　　事後看來，所有的參與者是否可以因為更加小心處理這件事情，而避開這淌混水呢？由於對企業方的人士而言此事茲體事大，答案可能是否定的。在整起事件當中，波頓的看法始終是，最好的處理方式是關上門來安靜地進行，就像許多從未曝光的企業監督個案的情形一樣。ITV事件有趣的地方在於它點出了一項事實：法人股東開始對股票掛牌企業發揮越來越大的影響力，法人股東之前一直因為沒有採取這種做法而遭致非議。

　　波頓在2004年接受《Real IR》雜誌專訪時表示，富達通常每年會介入五十件類似個案，其中只有少數個案可能見報。雖然企業營運是企業董事會的職責，波頓表示，富達期望企業針對可能影響股價的重大策略性決定諮詢富達

的意見，像是併購或是處分事業（註28）。

諷刺的是，不管是誰走漏這項消息，如果他的原意是要破壞波頓的計畫，最後造成相反的結果：由於兩家公司要求富達證明波頓看法受到廣泛支持，富達別無選擇，只能跟其他股東聯手合作，堅持更換經營團隊。

在此過程中，雖然波頓對媒體熱切的報導感到不自在，「沉默殺手」的名號也讓他備感苦惱，這起事件卻凸顯出波頓在倫敦金融圈的影響力。「由於波頓的作風沉穩，」他的同事傅雷澤表示，「不了解他的人很容易低估他的力量。ITV公司的獨立董事，一開始或許真的不了解，波頓對於經營團隊名單的反對態度。」

不過，當攤牌時刻來臨，波頓準備好賭上自己辛苦建立的名聲，這一點顯然相當重要，或許是決定性的因素，讓他說服富達堅持立場，並且讓兩家公司的董事會知難而退。

這件事情的結果進一步說明了，富達於1979年召募的這位擁有選股天分，時年二十九歲，天性害羞且思慮縝密的新進人員，如何在接下來二十五年的事業生涯當中，締造了如是輝煌的傲人紀錄。

# 第二章

# 勇敢與眾不同——
# 安東尼‧波頓教你選股

1979 年，也就是柴契爾夫人首度贏得英國首相大選的那一年，是我人生的關鍵時刻之一。回顧過往，我了解我所做的，是壓力諮詢師最強烈反對的事情——在相當短的時間內結婚、搬家並轉換工作。

我於 1979 年 2 月結婚，在此幾個星期之前才剛搬家，然後於同年 12 月跳槽到富達。我在任職於史萊辛格投資管理公司時認識我的太太莎拉，她當時也在那裡工作，這是一家由南非某家族成立的投資公司，該家族同時跨足金融與房地產事業。我太太是某位投資董事的助理，我一開始的工作是投資助理，後來成為基金經理人。

在那一年的夏天，公司的常務董事的廷柏雷克離開了史萊辛格，替富達在英國成立一個新的基金管理公司。他放出消息說自己在找尋兩位投資經理人，加入新成立的組織。

## 緣起

我對於要不要跟廷柏雷克聯繫感到猶豫不決，因為有人告訴我，他同意暫時不積極挖角之前的同事。我對富達的了解也不多，但有兩件事情讓我改變心意。第一個原因

是，我聯絡了一位在有聯利保公司擔任基金經理人的朋友，有聯利保是在1930年代於英國推出第一支單位信託基金的公司。他告訴我，富達是「全美國最好的基金管理公司。」

第二個原因是我的太太，她看出這間新公司的潛力與重要性，並說服我打電話給廷柏雷克。我當時二十九歲，個性相當害羞，對於要不要打電話一事舉棋不定。「你有什麼好損失的？」她不斷這麼問我，直到我打了電話為止。結果，這變成我一生中最重要的幾通電話之一。

在跟廷柏雷克見過一次面之後，他要我跟拜恩斯面談。拜恩斯曾經在富達的波士頓總部工作多年，跟奈德‧強森兩人是非常要好的朋友，強森是富達的總經理，也是該公司創辦人的兒子。如果強森是富達能夠於1980與1990年代在美國叱吒風雲的功臣，拜恩斯便可說是有功於開拓富達的國際業務。在當時，美國的大多數投資公司都只將注意力集中在北美洲的國內市場。

身為美國共同基金產業的領導企業之一，富達遠遠超越時代，了解自己可以將投資業務拓展至全球市場。我記得，《金融時報》認為這項消息十分重要，因此以頭版新聞的方式加以報導，不過其他還有很多報紙並非非常重視

這條消息。

我抱著有些忐忑不安的心情前去跟拜恩斯面談。畢竟，我只有在史萊辛格管理資金一、兩年的經驗，我根本算不上是英國很有經驗的基金經理人。我被問到的最後一個問題是：「嗯，安東尼，你認為你能夠在富達成功地管理基金，打敗你的競爭對手嗎？」我不記得我說了些什麼，但是我的回答一定說服了他，因為不久之後我就得到這份工作。拜恩斯是你所能見過的最迷人的美國人之一，而且他非常喜愛英國。多年以來，他一直對我鼓勵有加。他現在依然每年打一、兩次電話到我們倫敦的辦公室。

我於 1979 年 12 月 17 日加入富達，這也是富達對英國投資人推出前四檔單位信託基金的日子。除了我管理的特別情況信託基金之外，我們還推出了美國信託基金（由於富達的母公司位於美國，這並不令人意外）、一檔固定利率信託基金，以及一檔由詹姆斯‧威靈斯（James Wellings）管理的成長與收益信託基金，威靈斯是廷柏雷克召募的另一位投資經理人，之前任職於股票經紀公司，管理資金的方式跟我迥然不同。他以非常計量分析的方式買進低風

---

1　詹姆斯不久後便離開富達去追求其他的興趣。

險、高報酬的股票，也經常將表現勝過股市大盤的股票獲利了結。

前一、兩年的時間，我們共享富達當時位於倫敦皇后街上的辦公室。詹姆斯是一個討人喜愛的人，行事作風非常老派，講究傳統，我想我也是一樣。我們相處得非常融洽，唯一的例外是我們一開始合作的頭兩個星期。當我與廷柏雷克面談之後，我對加入富達提出了一項條件，那就是我要成為董事；我個人的目標之一是，我要在三十歲之前成為董事。詹姆斯並沒有提出這樣的要求，雖然他後來也成為一位董事，他對於我捷足先登一事感到很不高興。這一點讓我們分享一間小辦公室這件事情一度變得有些尷尬，但是他很快便忘掉這件事情，從此以後，我們就相處得非常愉快（註1）。

## 富達經驗

我一開始加入富達之時，我們在皇后街的這間辦公室裡有十二名員工，包括廷柏雷克原始的團隊，加上富達早已指派到倫敦來協助管理境外基金的三到四名員工。其中有一些在百慕達註冊的基金，早在富達於1979年推出英國

單位信託基金之前便已成立。這些基金是富達最先對國際投資人推出的基金群。25年過後，富達截至2004年3月31日，在英國的員工人數超過3,210人，這項數字實在驚人。其中包括由34位基金經理人與54位分析師所組成的投資團隊，工作地點位於卡儂街25號的辦公室。這間由富達自行設計、建造與擁有的辦公室可以俯瞰聖保羅大教堂。這是富達在倫敦成立的第四個據點。不斷成長的投資管理產業，通常會有辦公空間短缺的情形，管理房地產的需求是一項重要但艱難的行政工作。

　　經常有人問我，如何能在同一家公司工作25年，什麼原因讓我一直待在富達。這顯然有許多因素存在。首先是能夠成為富達英國團隊的一分子帶給我的喜悅與滿足感，我認為富達是全英國最好的投資管理公司。

　　其次，富達給了我一個機會，讓我能夠跟投資界裡一些最優秀、最聰明、最和善的人共事。這項因素對我而言尤其重要。多年下來，曾經有一些公司邀請我加入他們的團隊，不過近幾年來獵人頭公司已經不再打電話給我了，因為他們都知道，想要說服我離開富達只是在浪費時間。

　　我記得有一家公司在1980年代找上我，該公司在當時是全球最成功的避險基金公司之一。在此之前的幾年，我

曾經跟這家公司接觸過一次。這一次,跟我見面的是該公司的國際投資部負責人,我必須承認,我覺得這位仁兄的個性實在討人厭。他最後說了一些話,大意是他不了解英國人為什麼不認為致富是人生最重要的目標,英國人為什麼會受到金錢以外的東西激勵,並以此結束我們的談話。富達令人激賞的一點在於,我們擁有一個優秀的團隊,有著共同的興趣:資深人員可能擁有管理資金的經驗,即使沒有這樣的經驗,他們也了解,把這件工作做好,是帶動富達其他所有活動的不二法門。

富達員工的品質,是讓我一直留在富達的關鍵因素,我想,這樣的員工品質所營造出來的特殊環境,也是讓富達能夠留住這麼多優秀投資人員的原因。報酬與獎勵當然也非常重要,但這些並非一切。我也認為,在一家能夠制定長期決策的私人企業中工作,是一項重大的優勢。

我認識的一位任職於競爭企業的基金經理人告訴我,過去四年以來,他的公司的投資管理團隊經歷了四次組織重整。這是該公司併購其他投資公司所造成的結果:每一次組織重整都造成許多人員離職以及投資長的異動。

富達的成長來自於本身業務的拓展,我們的關鍵理念一直是建立自己的團隊,而不是四處收購其他公司。我堅

決相信，這是激勵與留任關鍵員工的最好辦法。有趣的是
——或許不是巧合——另一家全球規模最大、最成功的投
資公司資金研究公司（Capital Research），同樣也是私人擁
有的企業，也是靠著自己的力量而不斷成長。

## 富達特別情況基金

我為什麼要從特別情況基金開始做起，這個名稱究竟
是什麼意義？廷柏雷克從一開始就知道，他要成立一檔主
要著重於資本成長的基金，以補強比較屬於防禦性質的成
長與收益信託基金。由於我任職於史萊辛格時管理的基金
之一是史萊辛格特別情況信託基金，這也是我最喜歡管理
的基金，我便向廷柏雷克提議成立這種基金。

他同意我的看法，富達特別情況基金因此誕生。如果
有人告訴我，這檔基金的資產規模有朝一日會成長到超越
四十億英鎊，並成為未來二十五年內表現最好的單位信託
基金，我會對此詫異不已。我們一開始的想法比較謙卑，
只是想了解可以做得多好，然後再從那裡開始。

「特別情況」的第一個定義出現在該基金的公開發行
說明書當中。多年下來，我已經修改過我對我的投資方式

的說明方式,但是其中的基本概念——以積極但反向的方式找尋資本成長的機會——依然跟基金推出之時一模一樣。在富達特別價值基金的公開說明書當中有下列這段說明,該基金是我管理的同性質的單位信託基金,但在稍後幾年才發行:

> 本公司認為「特別情況」所指的企業是,價格相對於資產、股利或是未來每股盈餘而言具有吸引力,但是在本公司看來還具備某些其他特色,有可能對其股價產生正面的影響的公司。

可以歸類為特別情況的企業包括:

- 有可能浴火重生的企業
- 非常具有成長潛力的企業
- 一般而言,資產價值並未被了解的企業
- 產品擁有利基市場、盈餘展望看好的企業
- 有可能成為併購對象的企業
- 組織可能重整以及／或是經營團隊可能異動的企業
- 並未廣泛受到經紀業界研究的企業

　　富達在報告書中表示，公司的基金經理人「可能會將注意力集中在我們認為不受投資人青睞，或是股價相對於一般通用評價標準而言受到低估，但是投資人的觀感在中期內可能有所改進的股票。」這種做法讓我們將焦點集中在市場領導者以外的股票。

　　富達採取的是「由下而上」的選股方式，主要是根據與標的企業有關的特別條件選擇投資對象，而不是根據總體經濟考量。由於了解自行進行研究的重要性，除了對標的企業的財務狀況與相對股價進行分析之外，富達的基金經理人還會跟許多同類型企業的經營團隊會談。

　　富達希望藉此建立一項資訊優勢，因為根據以往的經驗顯示，我們可以運用這樣的資訊優勢，善加利用市場的無效率現象，發掘隱藏在未受到研究的企業當中的價值。在對某公司進行投資之後，本公司的基金經理人會密切追蹤該公司的營運狀態，並且通常會跟經營團隊保持聯繫，以便能在早期階段看出公司現狀或展望是否出現任何改變。

　　上述說明依然能夠概括說明我的投資做法。特別情況的定義一直相當寬鬆，這一點非常重要，因為這意味著，許多不同類型的特別情況都可以被納入考量。如果你的目

標跟我一樣，都是要積極追求資本成長，那麼，因為受限於過度嚴苛的選股規定，而排除可能的獲利機會，這種做法沒有道理可言。

公開說明書中有關特別情況的定義的另一段關鍵說明是，「……本公司認為不受投資人青睞或是股價受到低估的股票。」我的投資風格一直是「價值型」投資。

在兩種最重要的投資風格當中──成長與價值──我為什麼要選擇價值呢？我認為有許多原因。首先，我一直很喜歡閱讀探討投資大師的投資專書，或是由他們親筆撰寫的書籍。

在我看來，這些證據的重要性可以支持下列這項看法：長期而言，價值型投資比成長型投資更能締造卓越的投資回報。這並不表示我不認為成長型投資無法創造出高於平均的報酬率；僅只表示，長期下來，價值型投資的成功機率稍微高出一些。

一開始影響到我的另一個因素是，當時最受歡迎的單位信託基金之一是有聯利保公司的復興基金。該基金的管理方式主要是價值型投資，方法是買進股價表現失常的企業的股票。我非常認同買進不受青睞的股票這種做法。

最後，我相信投資經理人應該找出並固守一種適合他

們個人的投資風格與模式。基於某些理由，我一直比較樂於採取與眾不同的做法，採取跟其他人相同的做法，通常會讓我感到不自在。

投資產業當中的重重壓力，鼓勵我採取相反的做法並跟隨潮流。除非你天性對於自主行事感到安然自得，否則，這種做法不太可能給你帶來太多好處。

有人問過我，我對人生的整體態度是否也是逆向操作，我想不是。在我個人的生活當中，我的做法通常是隨心所欲，有時候跟隨潮流，有時候不是。

我發現，在股市面臨轉折點的時候，我所採取的逆向操作風格特別有用，因為在這個時候，一般人的直覺反應，往往是採取正好錯誤的做法。我相信，經驗在投資當中佔有相當重要的分量。就像馬克‧吐溫（Mark Twain）所說的，「歷史不會重覆，但有其合聲押韻。」我認為這句話應該烙印在每一位基金經理人的辦公桌上。

## 無視於評量基準

凱因斯（John Maynard Keynes, 1883-1946），一位非常成功的優秀投資人，也是富有創見的傑出經濟學家，他曾

經針對股票市場表示，選股就像選美一樣，「重要的不是選出你認為最漂亮的女孩，而是評審眼中最漂亮的女孩。」換成另外一種說法，讓我們借用華爾街校長班·葛拉罕（Ben Graham）的話，股市比較像是一部表決器，而不是秤重機，至少在短期之內如此。

我總是從投資人並不認為是最具吸引力的股票開始進行研究，如此一來，如果情勢轉變──我的確在利用我的技巧，發掘那些具備可能引發轉變的因素的股票──隨著這些股票變得更具吸引力，就會有許多新的買方出現（但是，相對於股票市場，在現實的人生當中，我建議各位選擇你認為最漂亮的女孩。我的確是如此）。

富達特別情況基金是我的逆向操作理念的直接成果，最重要的特色之一在於，我一直在一個沒有評量基準的基礎下管理這檔基金。也就是說，我不太注意我的持股的股價表現，相對於金融時報全股指數的股價表現是如何。

金融時報全股指數是評估我的操盤績效的評量基準：基金的目標，是要超越該指數的表現。但是，不同於許多具有相同目標的基金經理人，我不會花時間去擔心，在指數有15%的成分股是石油類股時，我卻要保持10%的持股比例，或是持有指數成分股當中的最大組成股。

　　無視於基準指數的加權比重意味著，長期下來，我的基金的報酬率，會比股市平均指數的報酬率來得不穩定。在我管理特別情況基金的這二十五年以來，難免經歷過幾次逆境。但是，我的投資手法的核心理念，可以用巴菲特的一句話加以說明。巴菲特曾經說過，他跟他的事業夥伴查理‧曼格（Charlie Munger）「寧願長期下來起起伏伏地賺進15%的年報酬率，也不願意接受穩穩當當的每年12%報酬率。」

　　我的目標是要長期下來盡可能創造出最高的年平均報酬率，即使報酬率在短期內會有較大波動。這跟以大盤指數為評量基準的基金正好相反，這類基金的目標，是要每一季持續締造出不錯的相對績效，從而建立起一個較為平緩，但也比較低的長期報酬率。

　　我在富達的早期階段，也同時替 Tate & Lyle 以及 Rank Xerox 等退休基金客戶管理一些資金。但是，我的心力一直著重在單位信託基金這邊。理由之一在於，管理單位信託基金的經理人，比退休基金的經理人擁有較多自由，因為退休基金的委託人經常會在事後對你的做法提出質疑。在我看來，退休基金委託人總是想花最多的時間討論錯誤的投資決定，或是在財報公布時表現欠佳的決定。

然而，投資是一場講求機率的遊戲。沒有人能夠穩贏不輸；我們都在努力，不讓自己比競爭對手犯下更多錯誤。事實上，想在這一行出人頭地，避開輸家股票跟挑中贏家股票同樣重要。另一方面，我也相信，企圖避開所有輸家股票的高度防禦風格，無法創造優異的報酬率。

擁有冷靜的性格也是一項非常重要的因素。人應該從自己持有的輸家股票當中學習，但是不要對這些股票太介意。相反地，對於贏家股票感到過度雀躍也是不智的做法；過度自信也可能是件壞事。各位應該記住，你有可能利用一根針，輕易地挑選出某些表現最好的股票！

1980 年代，我另外接下了富達剛推出的歐陸信託基金的管理工作。從投資的觀點來看，歐洲讓我特別感到興趣，因為跟英國相較起來，歐洲的市場非常不發達，因此充滿了機會，可以找到價格失常的股票。對於我這樣的選股型投資人來說，歐洲是個非常有利的環境。

隨著我們團隊的規模成長，我能夠交出我的法人客戶的業務，將心力完全集中在這兩檔基金。我於 1990 年接下在盧森堡註冊的富達基金群的管理工作──也就是後來成為富達國際公司資金規模最大的歐洲成長基金（European Growth）。該基金成立之初只投資歐陸企業，完全不投資

英國股市，但後來成為包含英國股票的泛歐洲型基金。

1990 年代初期，我們推出了兩支封閉型投資信託基金：於 1991 年推出的富達歐洲價值基金（Fidelity European Values），以及於 1994 年推出的富達特別價值基金。我管理的這兩支基金的投資組合，類似於它們的姊妹信託基金。

這兩檔投資信託基金給了投資人兩種不同的選擇，讓他們可以投資我的選股風格，而且，不同於單位信託基金，上述兩支基金的投資人也可以透過融資（借款）的方式提高自己的報酬率。相對於開放式的基金，當這兩檔投資信託基金的售價遠遠低於基金淨值時，這些基金會顯得特別具有吸引力。

過去兩年來，我交出了歐陸基金的管理工作，將注意力集中在特別情況基金以及特別價值基金，這兩檔基金的資產總值，截至 2004 年年中，大約為四十億英鎊。

管理四檔基金，其中包括富達三檔資金規模最大的基金，變成一項非常吃重的工作，我需要監督四百檔持股，每天還得參加三場或是更多企業訪談會議；我的人生已經來到需要刪減工作責任的階段。事實上這意味著，我不是得放棄英國，就是得放棄歐洲大陸。我決定放棄後者，將心力集中在我起步的地方。

## 市場中的戲劇變化

過去二十五年以來，有四件事情特別讓我記憶深刻：1987年的股市崩盤、伊拉克於1991年入侵科威特、1999／2000年的科技泡沫破滅，以及2001年9月的紐約恐怖攻擊事件，也就是大家所說的911事件。

大約在1987年股市崩盤的一個星期以前，我最小的孩子班於倫敦的夏綠蒂皇后醫院出生。為了就近照顧我太太莎拉，我暫時住在我父母位於倫敦荷蘭公園的家，我的岳母則住進我們在漢普郡的家，照顧兩個孩子艾瑪跟奧立佛。在星期二晚上，一場嚴重的暴風雨在英格蘭南方肆虐。人在倫敦的我也難以入睡，不斷被強風吵醒。

隔天，當我從荷蘭公園地鐵站搭地鐵要上班的時候，荷蘭公園大道的兩旁鋪滿了一層厚厚的綠葉以及小樹枝，創造出一種如夢似幻的效果。我們原本打算，在莎拉跟班出院後的週末搬回我們在鄉間的住家，但是這場暴風雨讓我們無法如願。我們的家停電了，有一棵樹擊中我的汽車，就此報銷。

我岳母明智地決定，要將兩個較大的孩子、我母親的幫手，以及我們的黃金獵犬「金斯頓」帶回她在迪方

（Devon）的家，因為該地區的受損情況較不嚴重。因此，莎拉、班跟我一起回到我父母的家。

隔天星期一，當華爾街崩盤的時候，我在倫敦的父母家中。我感覺相當困擾，首先是不能如原先規畫地回到家中，接著是必須在接下來的幾天當中，經歷一段驚濤駭浪的動盪時光。

股市崩盤事件過後，專家意見十分分歧。我記得經驗豐富的投資經理人告訴我：「如果全球最大市場可以在一天之內暴跌22%，投資面貌將永遠為之改變。」很多評論員預估，股市暴跌將會引發嚴重的經濟衰退，甚至造成經濟蕭條。我記得當時跟澳洲創業家亞倫‧龐德（Alan Bond）共進午餐，他完全站在悲觀的這一邊。

不知道是基於我樂觀的天性，還是出自我的反向想法，我對股市的看法並非如此。我記得當時主張，市場將會恢復元氣，因此，這次的崩盤事件創造了一個大好的買進機會。

我甚至因此在富達內部傳閱一份簽呈，而我並不太常採取這種做法。我所主張的重點在於，我認為這次股市暴跌的幅度，非常不可能導致經濟出現同樣嚴重的惡化現象。

　　我必須處理基金贖回的問題，因為在股市崩盤之後，好幾位投資人決定賣出基金。因此，我必須賣出某些持股，應付客戶的贖回需求。

　　發生類似1987年崩盤事件的時候，我發現，集中投資是一種有幫助的做法。我將投資重心放在我最喜歡的股票，強迫自己找出那些我擁有最強烈信念的股票。我發現，隨著多頭市場的氣勢增強，我往往會提高基金的持股種類。因此，股市走低也是一個好機會，讓我可以出脫某些累積在投資組合當中的較小持股。

　　幸運的是，雖然股市在1987年10月份出現暴跌，到當年年底之時，我的基金依然成長了28%，而股市大盤的漲幅則是7.3%。不過，從當年年初到股市暴跌之前，我的基金的成長幅度高達97.4%，同時期大盤的漲幅則是45.6%。我猜，我早該將這樣的成長幅度視為一項警訊，但是，至少整體而言，我的基金並未受到太嚴重的影響。

　　對富達國際的業務而言，這次崩盤事件所造成的衝擊嚴重許多。在此之前的幾年，公司經歷了一段強勁的成長階段，員工人數迅速增加。1987年11月，趁著富達在法國成立據點，我們在巴黎舉行了幾場管理會議（現在回想起來，這或許不是推展業務的最佳時機）。在這些會議當

中，我們的執行長展示了一些說明富達業績的圖表。這些圖表呈現出一幅令人憂心的景象，代表費用的線條節節升高，獲利的線條則是一路下滑。

因此，我們必須在未來一年內進行重大的組織重整計畫，包括裁員。富達有一條不成文的規定，在市況疲弱的時候，投資團隊應該被排除在裁員名單之外。藉由保護公司的血脈，也就是我們的投資專業，我們的團隊才能夠維持不墜，投資團隊就是讓富達能在1990年代創造出輝煌戰果的大功臣。

當科威特於三年後遭伊拉克入侵時，我正在葡萄牙度假。連續好幾年的時間，我跟家人會在8月到阿爾加維（Algarve）地區租屋兩個星期。在行動電話風行之前的那段時光，我總是堅持租屋處一定要有電話，以防我需要跟公司聯繫。

租屋公司答應我們，我們在阿布費拉（Albufeira）郊外的租屋會有電話，可是當我們進屋之後發現，電話故障了！接下來的一星期，我每天都在聯絡租屋公司跟電話公司，想辦法修理我的電話，結果卻徒勞無功。

在科威特遭入侵之後，我必須每天開車到阿布費拉，了解基金贖回的情形如何，針對應該賣出哪些持股下達指

示。雖然我會將交易的工作指派給一位跟我一起進行買賣的交易員，我幾乎從不將應該買賣哪些股票的決定交給他人（除非出現緊急情況，而公司的人聯絡不上我）。多年來，我發現自己很少必須在度假的時候經常跟公司聯絡──但1991年是例外。

## 網路泡沫

1999／2000年的科技泡沫，是我在股市中見證過的最不尋常的時期之一。經常有人問我，投資市場已經變得如此專業化，我如何替自己的選股型投資手法自圓其說？

他們會提出下列說法：「市場難道不具有效率且受到過度研究嗎？大部分的反常現象不都被利用殆盡了嗎？」我只需要指出一點：在我的經驗當中，這段時期代表的是買進「舊經濟」企業的最佳時機之一。

這種情形究竟怎麼會發生？其中的核心問題是，大多數法人機構所抱持的羊群心態，出現了新思維（「網際網路改變一切」）的智力挑戰，以及當時各界迷信崇拜的順勢投資法（momentum investing）。

我的整體印象是，目前的股市經常見樹不見林：忙著

根據樹木之間的微小無效率現象進行套利，因此未能發現樹林本身的價格失常。例如，我記得當時的一大爭論是，在資訊科技類股當中，Logica 或 Sage 哪一檔股票比較具有吸引力。這個問題的答案是，這兩家公司的股價都高得過頭了。

我曾於 2000 年，針對投資泡沫的議題——投資泡沫的性質、歷史教訓以及破滅經過——對基金經理人與分析師發表一場內部演說。幾項泡沫事件的確讓我深刻體認到，我們正處於一種脫離現實的異想境界。

其中之一是 TMT 類股當中的個股股價。英國網路軟體商奇威系統（Kewill Systems）尤其讓我印象深刻。自從奇威於 1980 年代中期掛牌之後，我便一直追蹤該公司的表現，並在早期拜訪該公司位於 Walton-on-Thames 的總部。該公司從事的是令人振奮的供應鏈與電子商務軟體領域。

在 1999 年 6 月到 2000 年 3 月之間，該公司市值成長了十倍以上，總計超過 20 億英鎊，股票的成交金額相當於營收的六十倍以上。之後，該公司股價從 31 英鎊下跌到 73 便士，2002 年一度跌到 7.5 便士。令人訝異的是，這樣的溢價模式不斷重複出現，我還記得一家名叫絕妙企業（Fantastic Corporation）的瑞士軟體公司——可惜的是，該

公司只「絕妙」了一小段時間！

第二個相當不同的指標是 PFDM 公司的東尼‧戴伊（Tony Dye），PFDM 是倫敦最大的退休基金管理公司之一。在倫敦的投資圈當中，戴伊是價值型投資最重要的支持者之一。他跟 PFDM 於 2000 年 2 月分道揚鑣，就在那斯達克指數於 3 月 10 日創下歷史新高的兩個星期之前。在此同時，PFDM 宣布，該公司正在考慮，是否應繼續採取長期以來遵循的價值型投資方式。對任何一位反向操作投資人來說，這是顯示市場正在逼近某種轉折點的經典訊號，當然，事後證明的確如此。

最後，有一件事情特別讓我記憶深刻。我在企業金融界的長期聯絡人打電話給我，向我提出一項提議。他當時正在推出一檔網際網路育成基金（incubator fund, 育成基金在當時非常流行，設計目的是要投資許多新興的網際網路公司，以幫助這些公司成長）。

我想，他獲得授權可以接觸八家法人機構。我們的談話內容大概如下：「安東尼，我要告訴你，我正在幫一家非常有趣的公司申請股票掛牌。」「好啊，」我回答道，「我們什麼時候可以跟他們的經營團隊見面？」「時間緊迫，我們恐怕不會跟他們見面。事實上，我今天晚上以前

就得知道你有沒有興趣。我應該告訴你，安東尼，我接觸過的每一個法人機構不僅都要認購股票，還表示願意超額認購。」

我們接著討論該公司的財務數字。該基金持有許多跟網際網路相關的掛牌與未掛牌企業的股票。我發現，如果以市價計算該基金持有的掛牌股票的價值，認購者對該基金的未掛牌投資部位所付出的價格，相當於其淨值的五到六倍——在我看來，這是非常、非常高的價格。

「謝了，」我說道，「這檔基金不適合我們。」「抱歉，我沒聽清楚，安東尼，」他回答道。「謝了，這個基金不適合我們，」我重複說道。「可是，安東尼，」他回答道，「你會成為唯一一個拒絕這支基金的法人。」「富達樂於放棄這次機會，」我回答道。

這件事情距離TMT泡沫的頂點只有幾個星期的時間，情況即將惡化的跡象非常明確。我並沒有繼續追蹤該公司後來的狀況，但是我很懷疑，該公司是否能夠存活下來。我這位企業金融界友人對TMT泡沫深信不疑，這一點說明了在出現這類泡沫的時候，會有什麼樣的情形發生。

發生911攻擊事件的當天，我正在跟一位經營一家小型專業經紀公司的經紀商共進午餐，他是產物保險專家。

我們主要話題是保險產業，到最後，他說服我相信，還是說我們彼此說服對方，保險業的前景看起來相當不錯。

當我們在喝咖啡的時候，大西洋彼端居然發生了有史以來最嚴重的保險事件，這真是諷刺。我知道我的想法聽起來可能冷酷無情，但是我的經驗告訴我，在這次事件（我想不起來還有比這更駭人聽聞的事件）過後的幾個月之間，市場會出現非常重要的買進機會，讓我們可以買進因為恐怖攻擊事件的後續效應而受傷慘重的股票。

我後來大幅加碼了保險、旅館與旅遊等類股，隨著這些持股的股價回升，我也有了不錯的報酬率。在投資這一行，有時候你必須講求實際，這也是身為逆向操作投資人必須面對的一部分。

## 改變中的投資生態

從早期開始，富達投資一直以自行進行研究為依據，透過內部分析師，經常跟投資的企業舉行會議。我非常認同這種做法。我在1971年的第一份工作，是任職於 Keyser Ullmann 公司的投資部門，這家商業銀行的主要業務是管理投資信託基金，包括一檔名為 Throgmorton Trust 的基

金。該基金主要的投資對象是規模較小的企業（從那時起，我一直偏好這類企業），並且自行進行研究（在那時，這幾乎意味著登門拜訪這些企業；很少會有企業前來倫敦，而當這些企業來到倫敦，他們的目的也不是來拜訪投資人）。Keyser Ullmann 的分析師團隊包括基本面分析師與技術分析師。從那時起，技術圖形一直是我的投資工具之一——我發現這也是富達的理念。因此，我的背景非常適合富達，拜恩斯或許也注意到這一點。

富達早期的投資部門規模非常小，我們直到 1980 年代中期才開始建立內部的分析師團隊。當初，我們舉辦了幾場企業會議，但比較正常的做法是參加經紀公司舉辦的團體會議，也就是許多法人機構同時跟企業的經營團隊會面。我記得在早期，我曾經跟詹姆斯‧威靈斯參加一場在我們的皇后街辦公室舉行的會議。我不記得那家公司的名稱，但記得該公司的執行長是朗恩‧夏克（Ron Shuck），他後來涉及一起重大的詐欺案。

1980 年代中期起，越來越多的會議是在我們辦公室裡跟企業舉行一對一會談。1980 年代晚期，我開始用精裝的筆記本，記錄我跟企業之間的會議內容，並將這些筆記本存放在辦公室內。我替每一個歐洲國家保留一套筆記本。

我的英國企業會議紀錄，現在已累積到第四十二冊。當我跟企業再次會面的時候，這些筆記可說是價值連城。

當我還在管理歐陸基金的時候，曾經一天參加三到四場企業會議。我現在平均一天參加一到兩場會議。我想，我的最高紀錄是一天參加六場會議。我不建議這樣安排，因為你一直在趕場，等到一天結束，你會感到筋疲力竭。

我們通常是跟企業的執行長與／或財務長舉行會議。如果是規模較大的企業，會議對象可能是投資人關係部門的負責人。會議通常歷時一到一個半小時，如果我們的持股數量可觀，我們希望每一季至少跟這些企業會面或是聯繫一次。針對我們非常了解的企業，我們也會舉行電話會議。這些會議的主持人是適當的分析師，而不是基金經理人。我們的每一位分析師都專精於不同的產業，並且會在每一場會議之前提出會議議程與財務模型。基金經理人也會不時提出問題。

這些年來，我們舉行會議的方式並沒有重大改變。不過，我確實注意到的一點是，當時的我比大多數企業的執行長要年輕，今天的情形卻正好相反。會議結束的時候通常會有一場簡報說明，基金經理人會提出關鍵的結論，並以財務模型的假設條件，進行交叉檢驗分析。

　　我記得在1990年早期曾經參加過一場由經紀公司舉辦的會議,與會者包括許多企業與法人投資機構的資深代表。會中討論的一項主題是,法人機構希望跟企業保持哪種方式的聯繫。我說明了我們的方法,並表示這種方法可能會成為許多大型法人投資機構的慣例。一位執行長跟我唱反調。他表示,「如果我得花很多時間跟股東與潛在股東見面,我怎麼會有時間管理我的公司呢?」我猜想,目前與投資人相關的活動,會佔去多數執行長許多的工作時間。從歷史的角度來看,比較少從事這些活動的公司(我能想到的兩個範例是殼牌石油〔Shell〕與M&S公司),都因為這種以自我為中心的企業文化而受到傷害。

　　我相信,富達採用內部分析師以及與企業舉行一對一會談的做法,已經成為許多競爭對手的藍圖。在1990年早期被視為相當不尋常的做法,已經成為目前的標準作業程序。能夠領先群倫是很有成就感,只是,局勢一直在改變。我目前會花時間思考的問題之一是,我們如何保持領先。如果我們只是在做別人也在做的事,即使我們的行動規模與資源都勝過競爭對手,想要有超前的表現也會變得更加困難。我們認為,依然保持領先的領域,便是我們的全球研究品質與深度,因為我們會利用某個國家或區域的

資訊，幫助我們到另一個國家進行投資。很少有法人機構
能夠跟我們的全球研究團隊相抗衡。

## 經紀與研究

　　過去二十五年以來，另一個出現劇烈變化的領域是經
紀產業。除了優秀的內部研究團隊之外，我一直都支持採
用最出色的外部研究團隊做為補強。你需要了解，公司內
部的研究結果是否不同於業界共識，因為這樣的共識，往
往是根據追蹤特定標的企業的不同經紀公司的重要分析師
之意見而來。過去二十五年來，由於金融大改革及1986年
法規鬆綁之後出現併購熱潮，大多數證券經紀公司已經轉
手經營（有些公司數度易手）。

　　對規模較大的經紀公司而言，結合自有交易系統、投
資銀行與研究三方力量的新做法意味著，經紀公司的營運
模式，已經完全不同於我剛入行時的合夥事業架構。經紀
公司的研究品質是否已經改變，而目前大部分經紀公司的
研究是否無甚價值？我不同意這種看法。分析師撰寫的研
究報告的性質當然已經有所改變。有越來越多的投資銀行
在採用經紀公司的研究，這也是事實。然而我相信，如果

你知道如何利用研究，知道要找哪位分析師討論，這樣的研究還是很有價值。對於分析師不容易在書面報告上解釋的微妙歧見而言，情況尤其是如此。

　　早期跟我們合作最密切的經紀公司是 Rowe & Pitman（很久之前便併入瑞銀華寶投資銀行〔UBS〕）。這家公司幫助富達推出了一些境外基金。在當時，他們給了我一些絕佳的建議。我還記得高盛公司（Goldman Sachs）的兩位主管來拜訪過我們。高盛當時並沒有實際參與或是研究英國的股票市場，但是他們表示，他們非常樂意就任何與美國或其他市場有關的議題提供我們協助（在當時，美國的富達公司是高盛最大的客戶之一）。我後來發現，高盛在某些地方的確很有幫助。

## 選股祕訣

　　一般而言，我的選股方法，一直都是廣納多方意見。我的理念是，來到我面前的投資標的越多越好。我喜歡這麼說，我要的是一張又寬又大的「網」：進來的越多，不管是來自富達內部、某些規模較小的經紀公司、產業專家或是大型的綜合投資銀行，能讓我發現珍寶的機會就越

高。

　　如同我之前的同仁彼得‧林區所說的：「如果你翻開十顆石頭，你可能會發現一個具有吸引力的投資標的，但是，如果你翻開一百顆石頭，你可能可以找到十個這樣的標的。」管理大型基金的人需要很多潛在的投資標的。縱然擁有龐大的內部分析團隊，我們也無法兼顧所有產業，或是成為了解所有產業的專家。

　　即使經過這麼多年，我依舊非常難以解釋我何以決定買進某檔股票，不買進另一檔股票。事實上，在我買進一檔股票之前，我喜歡先考慮一些因素。首先，只要可能的話，我會想跟該公司的經營團隊會面。這種會議可以完成許多關鍵性的任務：幫助我了解該公司的經營團隊與策略，該公司的產業，以及影響該公司財務表現的變數（某些變數或許是在經營團隊的掌控之中，大部分的其他因素則不是，比方說對貨幣的敏感度）。

　　我堅決相信，並非所有企業都是相同的——某些公司的體質比其他公司要好，在所有條件都相同的情形之下，我喜歡的是體質比較健全的公司。

　　這讓我們能夠針對投資標的公司建立正確的財務模型。接著，我會想檢視一些評價模型。我一直很喜歡檢視

許多不同的評價方式，不會過度專注於單一評價方式。

我檢視的重要數據包括股價本益比、企業淨值／現金淨流量比，企業價值／自由現金流量比（我喜歡能夠創造自由現金流量的公司），以及投資資本的現金流量報酬率。我也會檢視，以一個國家、區域與全球的基礎來看，某企業相對於整體產業的股價價位如何。

接著，我會檢視某些資產負債表的比率數字，看看標的企業的資產負債情形：多年下來，我學會的重要教訓是，當出現問題的時候，讓我損失最慘重的股票，都是資產負債情形欠佳的企業。我會考慮企業的股東名冊，以及該公司是否可能帶有「企業角度」。

我會從企業監督的角度檢視標的企業，看看是否有董事在買賣股票，以及技術分析師對該標的有何看法。我也會考慮，法人機構的持股是否過多或不足，該股票是否出現淨買入或淨賣出的情形，負責追蹤該企業的重要經紀公司的分析師們的看法又是如何。

最後我會考慮，該標的是否有哪些事情尚未受到投資人注意，但可能在未來引起投資人的興趣。這份考慮事項清單並不完備，可能還有一些我會希望考慮的其他因素存在。在決定買進一家公司的股票之前，我會廣泛檢視許多

因素,我要強調這項做法的重要性。

　　我觀察到,其他投資人往往想用簡化的操作手法,只根據一項因素便決定買進或賣出股票。極端的範例是聽信明牌,或只參考股價走勢圖。經驗比較不豐富的投資人似乎喜歡採用一種輕鬆或是(容我大膽地說)懶惰的選股方式,這一點卻可以幫助像我這樣的專業投資人找到投資機會,因為我們會更深入檢視各種與買賣股票有關的考量因素。

## 富達特別情況基金之規模與績效

　　多年下來,我必須做的調整是,學習如何管理一個規模龐大的基金。有超過五年的時間,特別情況基金的資金規模一直超過十億英鎊,成為英國規模最大的基金之一。回顧該基金早期對投資人發布的報告書可以發現,當時的基金規模只有幾百萬英鎊。

　　我在這些報告中表示:「本公司由大量的投資標的當中精選出三十到四十檔持股,形成一項集中型的投資組合。」多年以來,為了處理大量湧入的資金,我必須增加基金持股的數量,並提高基金對大型類股的投資部位。今

天，我的基金當中大約有兩百檔持股，大約是早期階段的五到六倍。

就這方面而言，替一家在管理大型基金方面早已擁有經驗的公司工作，對我一直大有幫助。讓彼得‧林區聲名大噪的富達麥哲倫基金，也因為林區的傲人績效而迅速成長，曾經有一段時間是美國最大的共同基金。

1980年代晚期，我曾經有一次跟林區與布魯斯‧強森（Bruce Johnson）兩人在波士頓共進午餐，強森的績效跟林區同樣輝煌，不過知名度不如林區，他負責管理富達最大的收益型基金之一。他們給了我許多建議。我特別記得一點。他們告訴我，不管基金規模成長到多龐大，我一定要繼續投注夠多的時間在「攻擊型」投資上。

他們的意思是說，在管理一檔持股種類繁多的大型基金的時候，身為投資經理人的你，有可能會將大部分時間花在追蹤你的現有持股（「防禦型」投資），而不是四處去找尋新的投資標的。

他們建議我，要利用公司內部的分析師團隊來協助處理與防禦性投資有關的工作，像是監督持股企業的營運成績、其所宣布的消息以及產業的發展，如此一來，你就可以有多餘的時間找尋新的投資標的。自從那時起，我便採

取這樣的做法。

我所做的另一件事情是不斷問自己，哪些事情是一個大型基金可以做，而小型基金無能為力的？我發現有兩件事情特別重要。第一買進可能在未來某個時點具有企業價值的股票，著重點在於這些持股佔該企業發行股本的比例；第二，對於營運績效欠佳但是你對應該如何改善此一困境有所想法的企業，必須與其經營團隊保持更密切的聯繫。

對於上述的第一件事情，我一直對那些帶有「企業角度」的股票有興趣──也就是股權或經營權可能異動的企業──這也是我喜歡買進的主要企業類型之一。富達所持有的法國里昂信貸銀行（Credit Lyonnais）股票便是一個很好的範例。

當法國政府將里昂信貸銀行民營化之後，該銀行獲得了一項兩階段的保護計畫，以免該銀行在被迫的情形下遭到併購。在頭兩年的時間，這項保護措施非常嚴格，但在接下來的兩年內稍微放鬆。我在這頭兩年的時間裡買進了為數可觀的股票。富達變成該銀行的最大法人股東之一。

不管如何，我認為該銀行的股票是一項有趣的投資，但我也認為，未來有可能出現一場併購大戰。後來發展也

是如此，兩家法國銀行競相收購里昂信貸。我們以遠高於市價的價格，將里昂信貸的持股出售給 Credit Agricole。這件事情說明了我的看法：在某些情形下的併購案，大筆持股的價值有可能高過市場價值。決定某項併購案能不能成功，大股東也可以扮演關鍵性的角色。

## 企業監督前線

介入企業經營團隊的改組事宜，可能引發正面與反面兩種媒體反應。我於 2003 年夏季捲入的 ITV 事件，讓我受到前所未有的媒體大幅報導，所引發的高度注目也非我所願。每當富達介入企業的人事改組或策略時，我們的核心目的很簡單，就是改善投資的未來價值。這牽涉到兩個層面。第一個層面是提升歐洲企業的整體水準。第二個層面是，基於特殊的理由「介入」某家企業。

有關企業監督的層面，我們所做的大部分工作都是在私底下進行，我們會直接跟目標公司交涉，消息不會曝光。ITV 事件非常罕見，我們對於董事長改選一事的計畫，因為消息走漏給媒體而曝光（我必須補充說明，此事並非我們主動爆料）。我們的行動也很少會跟富達的某個

個人扯上關係，像我在ITV這件事情裡的情形一樣：在幾乎其他所有的個案當中，我們都是跟其他大型投資人聯手對標的企業施壓，要求他們做出改變。

一般而言，我們偏重投資的是表現欠佳，而我們又能夠發揮正面影響以改變其營運方向的企業，這樣的行動可以給我們不同於出售持股的選擇，因為隨著你的基金規模越來越龐大，自然也會比較難以有效地出售持股。對於那些曾經「介入」的企業，我的基金通常是富達最大的單一持股。富達於2003年總共「介入」了大約五十家英國與歐洲企業，不過這些個案很少上報或是引起大眾注意。在幕後不動聲色的採取行動，絕對是我們偏好的方式。

隨著基金規模的成長，基金經理人能夠發揮彈性與靈活操作的空間也隨之減少。基於我的持股的平均規模（目前最低的持股規模通常是一千萬英鎊），目前的我很難在短時間內大手筆改變投資組合的持股內容。不管如何，劇烈又快速地改變投資組合從來不是我的作風。這種做法也不適合管理一檔大型基金。我偏好的做法是循序漸進。我經常隨著自己的信念慢慢增強或減弱，小幅調節我的某檔持股的數量。這可能是一場企業會談、一個消息，分析師的建議或是某項技術分析的結果。我的原始持股通常是二

十五個基本點（也就是基金資產的0.25%），並根據我的信念以及該檔股票的流通性再增加持股比例。

在其他時候，我曾經根據某些較宏觀的投資考量，而改變投資組合的內容，比方說，增加可能因企業支出增加而受惠的企業的持股家數，而不是增加與消費性支出比較有關的企業持股（如同我於2003年下半年的做法）。這類改變並不太常發生。

由於我通常要花好幾天的時間才能建立或是減碼一項持股，因此，除非市場出現大量的買單或賣單，我發現自己手中的投資對象，總是比我實際需要的數量來得多。我知道自己不可能照單全收。有時候你可能買不到股票。另外，股價上漲的速度可能過快，讓我無法以適當的價格建立我想要的部位。

## 亮麗與失色的表現

身為基金經理人，你總是努力在潛在報酬與損失風險兩者之間尋求平衡，這一點無須贅言。經常有人問我，「你什麼時候失手過？」過去二十五年以來，我曾經有七次年度表現不如金融時報全股指數，如上圖所示。

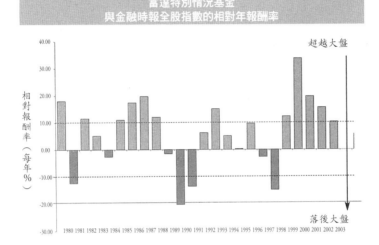

富達特別情況基金
與金融時報全股指數的相對年報酬率

　　這些表現落後的年份，不是正好碰上英國經濟衰退
（1980年代初期與1990年代初期），就是講求順勢投資的
行情（1980年代中期與1990年代晚期）。景氣衰退往往最
不利於中小型企業，而在講求順勢投資的行情當中，大型
企業的股價表現最好。1999年是1990年代晚期順勢投資
大行其道的最後一年，各位可能會認為，這可能是我表現
最糟的一年，但在這一年當中，由於持股中的許多中小型
公司遭到併購，我因此蒙受其利。

　　我也檢視了基金每一季的績效。在我表現落後大盤的

期間裡，最糟的表現，出現在 1980 年代晚期／1990 年代初期的連續七個單季。有趣的是，在這段期間接近尾聲的時候，富達投資董事長奈德‧強森二十五年以來第一次也是唯一一次直接跟我討論基金表現！我曾經連續四季表現不如大盤，有一次連續三季表現落後，還有八次連續兩季表現失色。除了上述時期，表現欠佳的時間都限於一個單季。

最令人感到訝異的或許是（我自己也有點訝異！），基金規模與相對績效之間似乎沒有太多關聯。自從 TMT 泡沫於 2000 年破滅以來，這檔基金因為價值型股票的強勁表現而受惠。從那時起，市場情勢大致上一直對我有利。展望未來，投資環境可能會變得更加困難，想締造超前表現的難度也會變高。

然而，在推出的前十年裡，富達特別情況基金跟歐陸基金的表現勝過所有單位基金，不管這些基金的專長領域為何，這是我最感到自豪的成就。從二十五年前推出之後，富達特別情況基金也擊敗了所有的基金。

# 大宗持股

　　各位可以在〈附錄〉當中看到富達特別情況基金的年度十大持股，最遠回溯到 1981 年（第 231 頁）。我想，從事基金管理的同業觀察到的第一點可能會是，這檔基金的確符合「特別情況」基金這項名稱。這份清單上有許多鮮為人知的企業。其中很少出現知名大企業的名稱。事實上，其中一、兩家公司，連我都不太記得。例如，Vitatron 跟 Debron Investments 這兩家公司是做什麼的？

　　第二項觀察是，這是一份「瑕瑜互見」的清單。我注意到其中有幾筆投資後來都失敗了：Polly Peck（出現在 1987 至 1989 年的持股名單上）、Parkfield（1990 年）、Torras Hostench（1988 年，這家公司爆發西班牙有史以來最嚴重的企業弊端之一，但我早早便出清持股）以及 Wickes（1993 至 1996 年）。

　　可能還有其他公司是我沒有注意到的。重要的是，由於我的投資風格，我總是會偶而投資一些後來失敗的公司，雖然每個個案都給了我教訓，我也努力不重蹈覆轍。即使如此，如果有足夠的贏家股票可以彌補這些敗筆，富達特別情況基金還是可以有很好的表現。

　　另一件引人注目的事情是，某些股票何以會在一段時間之後再度出現。這樣的範例包括 FNFC（在被 Abbey National 收購之前，我曾經三度持有該公司的股票）；幾家電視公司的股票（LWT、TV-AM、Thames TV、Scottish 以及 Central）；博弈公司（Pleasurama、London Clubs、Crockfords），以及共同擁有行動電話公司 Cellnet 的 Securicor 以及 Security Services 兩家公司，Cellnet 後來被英國電信公司（BT）收購。

　　總會有某些我喜歡的企業出現，當這些企業的股價具備足夠的吸引力，或是以復甦股的姿態重新出現，我就會回頭買進。

## 我學習到的教訓

　　投資並非一種精確的科學，我也不知道有哪位專業投資人，不需要從經驗中學會許多埋伏在前的陷阱。在我負責管理特別情況基金的二十五年裡，我有足夠的時間仔細思考攸關成為一位成功選股型投資人的因素。以下是我從經驗中學到的一些教訓：

### ● 了解企業經營權及其品質

不同企業的品質與永續經營能力差異頗大。你必須了解企業的業務、創造獲利的方式與競爭地位。我理想中的投資標的跟巴菲特一樣，都是必須具有價值，能夠在未來十年內支撐該企業的經營體質。我會問的一個簡單問題是：該公司十年後還存在的可能性有多高──其未來價值超過現在的機率是多少？

### ● 了解帶動產業的關鍵變數

掌握某檔股票基本面的關鍵做法是，確認影響該公司績效的關鍵變數為何，尤其是該公司無法掌握的變數，像是幣值、利率以及稅率的改變。對我來說，理想的企業指的是大致上可以主導自己命運的公司。我記得有一家公司的情形正好相反：我多年前曾經拜會過一家英國化學公司。在特定匯率之下，該公司的業績蒸蒸日上，但是隨著英鎊升值，該公司變得完全不具競爭力，業績可能掛零。

### ● 捨複雜，就單純

如果某家公司非常複雜，你將很難了解該公司是否具備歷久不衰的經營體質。可能需要借助專家，才能察覺該

公司的缺陷。創造現金的能力是一項非常具有吸引力的特質，事實上是最受歡迎的特質。在其他所有條件相同的情況之下，需要大量資本支出才能營運的企業會比較不具吸引力。有一位未上市股專家曾經告訴我，股市高估了成長的重要性，低估了現金創造力的重要性。未上市股投資人的做法正好相反。有關這一點，我站在未上市股投資人的這一邊。

### ● 直接聽取經營團隊的意見

　　你需要找尋的企業特質是開誠布公與不耍花招。以我的經驗來說，二手資訊總是不如第一手資訊。多年來跟不同產業的數以百計的企業會面之後，我最重視的一件事情是，聽取針對一家企業所提出的公允、平衡的看法。這指的是包括缺點與優點（所有企業都是優缺點兼而有之）。我喜歡的是不會過度承諾的經營團隊，而且做的始終要比原先承諾的多一點的經營團隊。特別小心那些漫天開支票的人，因為這些人不可能兌現承諾。因此，我支持巴菲特的看法：我寧願選擇一家由平凡團隊經營的優質企業，也不要一家由明星經營的差勁企業。

## ● 不計一切成本，避開「狡詐」的經營團隊

我曾經認為，一間看似穩健的企業的基本面，甚至可以彌補「狡詐」的經營團隊。在投資過幾家後來失敗的企業之後，不道德或是在法律邊緣遊走的經營團隊，現在已經完全不在我的考慮範圍之內。我所學到的教訓是，即使有企業監督機制以及外部的會計查核，企業的資深人員還是有太多方法可以矇蔽投資人。

幾年以前，我在義大利的一位聯絡人告訴我，要我別碰 Parmalat 這家公司，原因就是如此。結果證明，這是一個非常好的建議。如同巴菲特說過，公開誤導大眾的執行長，最後可能會誤導自己（各位現在應該已經知道，我跟許多人一樣，都是巴菲特的死忠支持者。波克夏年報是充滿投資建議與操作智慧的寶庫）。

## ● 設法比群眾多走兩步棋

設法找出目前為大眾忽視，而未來有可能重新引起大家興趣的企業。股票市場的眼光放得並不遠，因此，就像下西洋棋一樣，比其他人看得更遠一點，往往就會有收穫。我認為自己很懂得找出哪些類型的企業會點燃投資人的興趣，未來將會是「一片藍天」的企業。我會努力找出

當下受到忽視、但未來將會再度振奮人心的企業。

## ● 了解資產負債風險

　　如果選股人只能學會一項教訓，這項建議一定會在這份清單上名列前茅。如果投資講求的是限制下檔風險與趨吉避凶，那麼，只有在張大眼睛的情形下，你才可以承擔資產負債風險。在我表現最差的投資當中，資產負債風險一直是最常見的因素。根據我的經驗，大多數分析師不善於評估這項風險，許多人根本不分析資產負債表。除了各種形式的負債之外，你還需要分析退休基金赤字，以及那些不太可能遭到轉換的可贖回、可轉換優先股。這兩項科目都具備一些相同於傳統債務的特性。

## ● 廣泛收集可能的投資想法

　　我喜歡的做法是，根據對於某些特定公司或產業知之甚詳的來源，收集大量的投資標的。可以選擇的標的越多，挑選到贏家股票的機率就越大。最理所當然的消息來源，未必就是最好的來源。我尤其喜歡不受大多數法人機構廣泛採用的消息來源。在另一方面，我不會眼高於頂，不受看重的競爭對手所提出的想法，跟經紀商提供的投資

想法一樣可以接受！

### ● 密切注意企業內部人士的交易

　　沒有哪個指標是絕對正確，但是，企業董事的交易情形，尤其是多方之間的交易，是一項具有價值的確認或否認指標。買進通常比賣出更重要，而有些董事的交易紀錄也比其他人優良。

### ● 定期檢視自己的投資主題

　　投資管理講求的是對某個投資機會建立信念，然後隨著時間重新檢視這項信念，尤其是在有新資訊出現的時候。信念或是強烈的感覺非常重要，應該要加以支持。但是，信念不能演變成固執己見。如果根據有所改變，看法也要隨之調整。

### ● 忘掉你支付的股價

　　你的支付價格無關緊要，只有從心理層面來看，才具有重要性。如果情況改變，你要當機立斷，停損出場。Deutsche Babcock 是一個典型範例，這是一家跨足許多領域的德國工程集團，包括造船。一天早上，負責這檔股票的

分析師情緒激動地進入我的辦公室。受到我們欣賞且績效紀錄良好的公司執行長準備離職，這位執行長打算進行管理購併（management buyout），買下該公司績效最好的造船部門，該部門是我們買進持股的主要原因。我立刻告訴交易部門出脫持股；必要的話，積極出手。雖然因此遭受一些損失，幾個月之後，該公司便宣布破產。

## ● 績效歸因通常只是浪費時間

如果生命的意義在於犯錯，並從錯誤中學習，那麼，股市的情形也是如此。儘管如此，績效歸因變成非常流行的做法，也就是仔細分析經理人投資的個股或產業，相對於某指數或整體股市的表現如何。不過，這種做法主要在於回顧過往，無法告訴你未來展望。我了解，基於法人機構規定資金必須投資於特定資產類別，某些歸因做法有其必要，退休基金也要求要有這樣的程序。

一般人的想法往往是，近期發生的事情未來將會重演。不斷被顧問提醒自己表現欠佳，這根本無濟於事，事實上可能製造反效果！

一個人的個性很重要。如果你有躁鬱症，那就別考慮成為一位投資人。你要平等看待成功與失敗，這一點非常

重要。在另一方面，分析自己的錯誤（我為何犯錯？有沒
有辦法可以預測這種錯誤？），和這種做法並不相同，而
且非常具有價值。

● **注意絕對股價**

　　投資人需要有某些檢驗機制，以避免在某檔股票處於
過高價位時被引誘進場。在這種時刻檢視股票的絕對股
價，會有所幫助。我喜歡買進的股票，是本益比在未來一
兩年內會是個位數的股票，或是自由現金流量率遠高於現
行利率水準的股票。如果你只檢視相對股價，也就是股票
之間的相對表現，就有可能會犯下大錯。

● **運用技術分析做為一種輔助工具**

　　我可以針對技術分析的運用另闢一個章節（有一天或
許真的會這麼做）。我知道，投資專家對於技術分析有著
截然不同的看法。有些人強烈支持技術分析，有些人認為
技術分析只是騙人的把戲。我認為技術分析是一種有助於
制定決策的架構。這是幫助我決定投資規模的因素之一。
我利用技術分析做為一項確認或是否決的因素。如果技術
分析的結果支持基本面分析，我就會準備建立更大的部

位。不是的話,我建立的部位規模就會小一點。如果技術分析的結果不佳,我也會重新檢視我的基本面分析,看看是否遺漏了什麼。我發現,標的企業的市值越大,技術分析就越有用。

## ● 避免時機交易,或是根據宏觀想法進行豪賭

我希望將賭注下在我相信自己擁有競爭優勢的地方。多年以來,許多評論員曾經撰文探討,希望能夠抓到進出場時機,這是多麼困難的事情。二十五年以來,我對市場產生強烈看法的次數或許只有五到六次。即使在那些時候,我也絕對不會根據這樣的看法進行賭注。我可能加入宏觀看法的時候,是當我認為某產業的兩家公司在基本面都具有吸引力,但我只想擇一投資。在那個時候,宏觀的看法或許會成為決定買進的因素(比方說,某家企業會因為美元升值受惠,另一家企業卻不會)。

## ● 當個逆向操作投資人!

如果你對自己從事的投資感到非常「安心」,你的行動很可能已經晚了一步。試著跟群眾逆向操作。隨著股價攀升,不要在心態上變得更多頭。當幾乎所有人都對股市

展望有所保留的時候,他們的看法很可能是錯的,事情可能會開始改善。

我發現,我對一些經驗較不足的同仁最有幫助的時候,是當市場洋溢著樂觀或悲觀氣氛的時刻。我會在這個時候提醒他們,股市是一個絕佳的折扣機制。等到大家都在替某件事情憂心的時候,這件事情通常已經反映在股價當中。投資人需要不斷地被提醒,股市的運作就是如此。

## 展望未來

我最常被問到的問題是,我打算管理英國基金多久。交出歐陸基金的管理工作,便說明了我不會永遠地工作下去。事實上,我不打算到六十歲時還在管理基金(我目前五十四歲),也從來不隱瞞這件事情。但是,為了杜絕我即將交棒的揣測,我在2003年年初交出歐陸基金時便承諾,我至少還要管理富達特別情況基金與特別價值基金兩年的時間。

我說過,我會每年檢視這項決定一次,我於2004年年底將這項承諾的時效延長一年,至少要繼續管理這兩檔基金到2006年年底。到2005年年底時,我會決定是否要繼

續延長一年的時間。

我接下來要說的是，即使我交出這兩檔基金的管理工作，我還是會繼續留在富達工作，或許是以兼職的方式繼續參與富達的投資過程。我無意從事的是，轉而投入競爭對手的行列，或是自行成立避險基金。

除了扮演監督投資的角色以外，我還希望參與監督較年輕的基金經理人與分析師的工作。自從交出歐陸基金之後，我一直在從事更多這方面的工作。我也打算花點時間參與召募新血與行銷的工作。

最後，我希望能在如何領先競爭對手方這方面貢獻一點心力。如同之前提過，我堅決相信，除非你不斷檢視自己的競爭優勢，並找出領先競爭對手的新方法，否則，你的公司將會因此受傷。我強烈支持富達從內部培養未來的基金經理人的做法（雖然我的情形並非如此）。從外召募經理人可能會有風險，最主要的原因在於，在我們這一行裡，想要在短期內分辨技能與運氣實在難如登天。

當我們跟分析師合作過至少五、六年的時間，而他們又至少負責過兩種不同的產業之後，我們便能夠清楚地了解，他們未來可不可能成為一位優秀的基金經理人。由於我們採取的是「由下而上」的選股方式，我們因此要求基

金經理人，必須具備跟我們的分析師一樣的分析技巧。因此，能夠證明自己是一位分析師，便成為基金經理人不可或缺的先決條件。我們的分析師大多渴望成為基金經理人，但是，只有最優秀的分析師才能雀屏中選。

我們替特別情況基金挑選接班人的方式如下：在我預定交棒的前一年，富達的資深投資團隊將會從現有的資深英國基金經理人當中，挑選出最適合的人選。在我的繼任者接手我的基金，某位新的經理人接手繼任者原有的工作之後，可能會出現串聯效應。

當我不再管理歐陸基金之時，這樣的過程似乎相當有效。在當時，我們大約在六個月之前便宣布我的繼任人選。我們的人選是兩位長期任職於富達的基金經理人，提姆‧麥卡隆以及葛拉漢‧克萊普，讓我感到寬慰的是，自從我交棒之後，富達歐陸基金還在繼續締造出色的表現。

有些觀察者問道，我們何不現在就指定一位繼任人選，可以在未來幾年內共同合作。簡單的回答是，這不是我們的做法。我們希望的是，時機成熟後，再挑選最佳人選。在瞬息萬變的投資世界中，今天選擇的繼任者，可能不會是我們在時機成熟時會挑選的人選。我們希望能有更多與繼任人選有關的佐證資料（以時間與操盤績效而

言）。

在這個世界上，沒有什麼事情說得準，但是我知道，我們的方法很有效，當我退場的時候，不管是在什麼時候，我們都會挑選一位優秀的繼任者，富達特別情況基金將會得到妥善的管理。在此之前，一切都還照舊。選股一直都是我的職業生涯，我可以說，沒有其他謀生之道，會比挑選股票更有挑戰性，或更有趣。

# 第三章

# 出神入化的選股功力——
# 1979-2004 年的績效表現

本章將仔細檢視富達特別情況基金的歷史紀錄，該基金正式推出的日期是 1979 年 12 月 17 日。雖然波頓也管理過其他基金，但在富達任職的二十五年裡，特別情況基金是唯一一支連續締造輝煌紀錄的基金。因此，該基金是評量波頓做為一位基金經理人的最佳評估標的。波頓於 1985 年至 2002 年之間管理富達歐陸基金的績效同樣令人佩服，雖然歷時較短（十七年）。

## 導論

本章分為六大部分：

- 富達特別情況基金之歷史沿革與說明
- 富達特別情況基金二十五年績效的分析
- 富達特別情況基金的風險與風格特色
- 買進／持有的最有利與最不利時刻
- 波頓管理富達歐陸基金的績效（1985 年至 2002 年）
- 結論

　　本章也提到兩份針對該基金的獨立分析報告，這兩份報告是本書進行的研究計畫的一部分。其中之一是由艾拉斯坦・邁杜格（Alastair MacDougall）針對該基金的績效紀錄所撰寫的研究報告，邁杜格是位於愛丁堡的績效與風險評估顧問公司 WM Company 的研究部主任。另一份報告出自英國最大的基金經紀公司 Hargreaves Lansdown 的基金經理人李・嘉德豪斯（Lee Gardhouse）之手，嘉德豪斯將由投資風格的角度探討該基金的績效紀錄。

　　兩份報告全文刊登在〈附錄〉當中，〈附錄〉中還有評等機構標準普爾公司於 2004 年 10 月針對特別情況基金提出的評估報告。除非另有說明，出現在本章當中的所有績效數據都來自富達公司，並經由該公司驗證。如有需要，讀者可以向本書原出版商索取一份試算表，其中包含了特別情況基金的單月數據，以及金融時報全股指數與英國全企業區域（All Companies Section）的所有基金的平均績效數據。

　　在波頓將歐陸基金群的管理工作交棒給他的同仁麥卡隆與克萊普之前，他管理的英國與歐陸基金群的資金，一度高達 100 億英鎊，其中包括富達旗下四大基金當中的三檔基金。如果他的基金群是一個掛牌交易的基金公司，比

方說像外國與殖民投資信託基金公司（Foreign and Colonial Investment Trust），那麼，在波頓管理歐陸基金群最後一年的2002年，他手中的基金資產將會是金融時報全股指數當中排名第二十三的企業，緊跟在 Abbey National 之後。

雖然波頓已經減少了自己的工作負擔，特別情況基金於2004年中的市值依然相當於金融時報全股指數當中排名第六十四的企業，排名在 British Land 公司之前。根據彭博社的調查顯示，尼爾‧伍德佛（Neil Woodford）是目前英國唯一管理的基金金額高過特別情況基金的股票基金經理人，他替 Invesco Perpetual 公司管理許多股票收入基金，總資產規模將近五十億英鎊。

## 基金概況

富達特別情況基金於1979年12月正式推出，於1980年1月完成第一個完整的交易月份，因此，該基金於2004年12月歡度了成立25週年的紀念。本書引用的基金績效，是截至2003年12月（24個完整年度）或2004年8月的數據（本書付梓時的最近期單月數據）。

富達特別情況基金的資產規模多年來迅速成長。 1984

年，該基金的資產淨值不到1,000萬英鎊。基金淨值於1987年首度超越1億英鎊。1995年，基金的資產淨值首度超過5億英鎊，接著於1998年成長兩倍，首度超越10億英鎊。自從當時起，該基金的資產規模成長超過三倍，於2004年8月來到38億英鎊。

在投資經理人協會（Investment Managers Association）評鑑的排名當中，特別情況基金目前在同樣隸屬於英國全企業區域的同性質基金中名列規模最大的單位信託基金。想要符合該區域基金的資格，一檔基金必須將80%或以上的資產投資在英國股票，並以資本增值為主要的投資目標。截至2004年8月31日為止，同屬此一區域的基金共有304支。在由超過2,800支單位信託基金所組成的基金圈當中，特別情況基金也是其中最大的基金。

基金規模成長的來源有二：(1)投資人挹注的資金；(2)波頓以經理人身分掌控的投資績效。扣除基金的管理與行銷費用之後，特別情況基金的數據令人刮目相看。過去七年以來，基金規模每年以24%的年複合率在成長。

富達特別情況基金是一檔累積型的基金。也就是說，該基金並不派發股利，而是保留所有投資報酬，轉投資到基金本身。因此，投資人的報酬全部來自資本獲利。投資

人實現投資獲利的方式是賣出基金（註1）。

該基金的投資人每年要支付 1.5% 的管理費（原來的管理費是 0.75%，於 1982 年調高到 1%，再於 1988 年調高到目前的 1.5%）。富達必須利用這筆管理費支應管理該基金的大部分成本，包括支付波頓跟他的分析師同仁的部分薪水、其他管理成本及替基金介紹客戶的仲介者的佣金。

該基金還收取一筆 5% 的開辦費（申購手續費）。事實上，這筆費用有一部分經常會透過個人財務顧問（IFA）與其他仲介者退回給投資人。對於波頓管理的基金群，富達預估將於 2004 年收到 6,000 萬英鎊的管理費。根據保守的預估，自從推出之後，特別情況基金大約收進了 2 億英鎊的管理費，成為在英國推出的最成功的基金之一。

該基金的投資人數已從推出時的幾千人，成長到目前超過 25 萬人。自從 2001 年起，該基金的客戶人數大約成長了兩倍。目前每位投資人的平均投資金額約 1 萬 4 千英鎊，大約是 1997 年時的平均投資金額的兩倍。

該基金持有的股票種類，也隨著資產規模的成長而同

---

1 在推出之後的頭五年半，特別情況基金的確派發過股利，金額不到該基金資產淨值的 1%，該項政策於 1985 年 8 月取消。

步增加。目前的持股種類將近二百檔股票，相較於1979年的30檔持股，以及1982年的60檔持股。該基金每檔持股的平均規模，從1982年的大約7萬5千英鎊，成長了200倍，到2000年的1,500萬英鎊。這項指標可以說明，由於特別情況基金的規模大幅成長，個股投資的規模必須有所改變。

## 績效分析

針對基金經理人的表現所進行的任何分析，都必須以股票市場以及基金管理業界的整體大環境為背景。基金績效是一個引發各界不同看法的爭議性議題。有些人認為，基金管理沒有太多或甚至完全沒有附加價值可言。另外有些人主張，基金管理是世界上最嚴格、最困難的工作之一，投資人因此有理由付費接收最優秀的專業人士所提供的服務。

過去三十年來，隨著所有公開交易的基金的詳細績效數據的揭露，投資人已經越來越了解某些與積極管理型基金的中、長期績效有關的負面訊息。這些事實讓許多第一次進場的投資人感到失望，但由於有學術與專業研究的強

力佐證,這些事實無庸置疑。這些負面事實包括:

1. 除了短期的績效之外,大多數積極管理型基金的表現皆未能超越整體股市。在歷時超過五年的期間之內,絕大多數的基金,這通常指的是超過70%以上的基金,都未能打敗同性質的股市指數,像是金融時報全股指數。(這是最常被用來衡量英國股票基金績效的基準,包括富達特別情況基金在內。)

2. 成本(基金公司收取的管理費,以及為了打敗市場引發的交易成本)的衝擊,是造成這種令人失望的表現背後的一大重要原因。在許多情形當中,這些費用的衝擊,往往大過基金經理人藉由優異選股功力所能獲得的優勢。

3. 事實上,學術研究顯示,就算不考慮成本的衝擊,專業基金經理人也很難持續打敗整體股市。這是因為股市是個發展成熟且競爭激烈的市場,不管多麼天縱英明,不管消息多麼靈通,沒有一個人可以合理地期望,自己始終可以比其他人做出更高明的決定。

4. 基於相同的理由,就算是那些能夠成功締造輝煌紀

錄的人，他們擊敗大盤的幅度往往也不起眼到令人
驚訝的地步。扣除成本之後，能夠年年勝過大盤超
過1%已屬難能可貴。長期下來，就連巴菲特跟林
區這些股市傳奇人物的年報酬率，也不過多出大盤
幾個百分點。

　　由於有低成本的指數型基金這項替代選擇，想找到一
支在好幾年的時間裡，扣除成本後的績效始終超越大盤的
積極管理型基金，成為一項具有挑戰性的任務（時間因素
非常重要，基於成本結構的考量，買進單位基金通常不是
一項明智的決定，除非持有基金至少三到五年的時間）。

　　因此，那些已經展現始終如一的績效能力的人，勢必
會受到投資人的高度評價。雖然無法證明，過去曾經成功
擊敗過股市指數的基金經理人，未來會再度締造穩定的出
色表現，但是，不管是對是錯，許多投資人確實是根據這
樣的想法在採取行動。主管機關之所以堅持，所有基金必
須附帶警示，說明過去績效未必保證未來表現，其中部分
原因或許在此。

# 富達特別情況基金

從這個背景來看，波頓的特別情況基金的績效表現斐然出眾。截至2003年底的二十四年以來，該基金的年複利報酬率為19.9%，較其評量基準金融時報全股指數同期間的年報酬率高出6.4%。在同一段時間之內，這樣的成績比任何同性質的單位基金都要出色。

第151頁的表總結了特別情況基金與其評量基準金融時報全股指數的年度績效數字，表中也列出了同性質基金的平均數據，以及同時期的通貨膨脹數字。本章也會在分析中提及該基金以及上述同業基金於1979至2004年期間的單月表現。

特別情況基金的投資成果，一直是帶動該基金成長的最大動力。最能簡單說明該基金的豐功偉業的說法是，在該基金於1979年推出之初便進場投資，並一直持有該基金的投資，在1979年投資的1英鎊，目前大約會變成85英鎊。說得更精確一點，如果在1979年12月進行1,000英鎊的原始投資，到2003年底時的價值將會是76,914.20英

---

2　包含3.5%的開辦費，但排除了賣出基金引發的買賣價差。

鎊，到2004年8月時的價值將會是84,001.55英鎊（註2）。

　　因此，在該基金推出之初所進行的5,000英鎊投資，截至2004年8月31日，價值將高達420,007.73英鎊；當初買進10,000英鎊基金的投資人，現在將可以坐擁840,015.46英鎊。光靠著特別情況基金這一筆投資，當初投資11,905英鎊的投資人，可以成為一位帳面上的百萬英鎊富翁。（如果在免稅的個人股票投資計畫〔PEP, personal equity plan〕以及個人儲蓄帳戶〔ISA, individual savings account〕推出之前便進場投資的投資人實現了自己的獲利，必須支付資本利得稅。）

　　相形之下，如果在同時期內投資1英鎊到金融時報全股指數，並將所有股利進行轉投資，這筆投資到2003年底與2004年8月31日時的價值分別是20.77英鎊以及21.38英鎊。1,000英鎊的原始投資，目前的價值將會是21,377.50英鎊，而5,000英鎊的投資則會成長到106,887英鎊。在1979年12月到2004年8月這段期間，如果想要讓資金成長到100萬英鎊，一開始的投資金額必須是46,779英鎊。

　　因此，對任何在該基金推出之初便進場投資的人來說，波頓的基金在這二十五年以來所創造的獲利，是英國整體股市的4.1倍。這4.1倍的結果來自兩個不同的效應：

(1)波頓優異的基金管理績效；(2)將他優異的投資報酬率以複利增值多年的次級效應（這一點同樣重要）[註3]。

特別情況基金超越市場表現的幅度——每年都有超過6%的複利報酬率——跟某些知名投資人的輝煌紀錄相較起來毫不遜色，像是美國的索羅斯、巴菲特以及林區。或許並不令人感到意外的是，由於特別情況基金二十五年來的輝煌紀錄，該基金成為英國同類型基金當中的翹楚。

英國目前有三百檔歷史超過二十年以上的單位信託基金，其中只有五十三檔基金完全或主要投資英國的股票市場。富達特別情況基金在二十年內締造的報酬率，是排名其後的英國股票單位信託基金的兩倍以上（截至2003年年底時的報酬率是2,615%，相形之下，排名第二的基金的報酬率是1,241%，其他英國股票基金的平均報酬率是696%）。

## 歷史表現

在特別情況基金的原始投資人當中，只有少數人持有

---

3  愛因斯坦曾經說過，複利是世界第八奇蹟，其說明的現象是，數列在不斷的持續成長之後，導致最終數值的快速增長。

| 富達特別情況基金：二十五年的輝煌歷史 | | | | |
|---|---|---|---|---|
| 年份 | 波頓 | 市場 | 同業 | 通貨膨脹 |
| 1980 | 58.0% | 32.9% | 28.2% | 15.1% |
| 1981 | -1.6% | 11.8% | 13.3% | 12.0% |
| 1982 | 42.9% | 27.0% | 25.2% | 5.4% |
| 1983 | 34.6% | 27.3% | 30.2% | 5.3% |
| 1984 | 27.2% | 30.2% | 27.2% | 4.6% |
| 1985 | 32.8% | 18.6% | 22.4% | 5.7% |
| 1986 | 47.8% | 25.8% | 28.7% | 3.7% |
| 1987 | 28.0% | 7.3% | 13.5% | 3.7% |
| 1988 | 23.1% | 10.2% | 7.9% | 6.8% |
| 1989 | 32.5% | 34.6% | 25.3% | 7.8% |
| 1990 | -28.8% | -10.9% | -13.8% | 9.3% |
| 1991 | 3.1% | 19.3% | 14.4% | 4.5% |
| 1992 | 26.4% | 19.1% | 18.3% | 2.6% |
| 1993 | 46.4% | 27.3% | 28.9% | 1.9% |
| 1994 | -2.2% | -6.6% | -6.5% | 2.9% |
| 1995 | 23.4% | 22.8% | 20.9% | 3.2% |
| 1996 | 26.8% | 15.7% | 16.0% | 2.5% |
| 1997 | 20.1% | 23.1% | 20.6% | 3.6% |
| 1998 | -3.2% | 13.8% | 10.3% | 2.7% |
| 1999 | 39.4% | 24.2% | 27.1% | 1.8% |
| 2000 | 25.8% | -5.9% | -4.3% | 2.9% |
| 2001 | 3.8% | -13.3% | -13.9% | 0.7% |
| 2002 | -10.7% | -22.7% | -23.3% | 2.9% |
| 2003 | 33.3% | 20.9% | 22.1% | 2.8% |
| 2004* | 9.2% | 2.9% | 2.6% | 2.1% |
| 平均 | 21.5% | 14.2% | 13.7% | 4.7% |
| 中間值 | 26.4% | 19.1% | 18.3% | 3.6% |
| 最高 | 58.0% | 34.6% | 30.2% | 15.1% |
| 最低 | -28.8% | -22.7% | -23.3% | 0.7% |

＊至2004年8月底之數據

附表附註：標明「波頓」一欄總結了富達特別情況基金的績效。「市場」一欄
顯示的是金融時報全股指數的報酬率（假設股利轉投資）。「同業」
一欄是隸屬英國全企業區域的各基金的平均績效。「通貨膨脹」一
欄顯示的是零售物價指數的變動情形（數據由WM Company提供）。

該基金直到今天。該基金的大多數投資人最近都在加碼投資。在該基金的二十五萬投資人當中,有超過一半的人事實上是在過去五年之內進場投資。

對基金投資人來說,重要的不是該基金的歷史紀錄,而是該基金在他們持有基金期間的報酬率(許多案例顯示,在推出之時締造驚人報酬率的基金,卻隨著基金規模的成長而無法達到原先的成績,也更難以透過積極管理投資組合的方式替基金增添價值)。

接下來的分析將檢視特別情況基金在不同期間所締造的絕對與相對報酬率,以及該基金在一年、三年、五年以及十年期間的連續表現。第一組數字顯示的是波頓管理該基金的成果。第二組數字說明的是投資人在不同持股期間所獲得的報酬率。

## (一)不同期間之報酬率

各位可以從151頁的表格看出,以絕對數字來看,基金表現最差的兩段時期,分別出現在1990年至1991年的經濟衰退期,以及2000年至2003年的空頭行情。但是,在其25年的歷史當中,該基金到目前為止只經歷了兩個表現嚴重失色的年頭(1990年以及2002年),基金的價值下

跌超過 10%。該基金的年平均報酬率是 21.5%，遠遠勝過
金融時報全股指數以及其他同業基金。

　　由於有如此強勁的表現，在扣除通貨膨脹的效應之
後，富達特別情況基金所創造的實質報酬率同樣出色，這
一點並不令人感到意外。

　　對投資人來說，實質報酬率是衡量一筆投資的真正價
值的正確評估方式。特別情況基金推出以來，通貨膨脹率
大幅下降；自 1979 年起，該基金跟英國股市的報酬率皆大
幅超越通貨膨脹率。

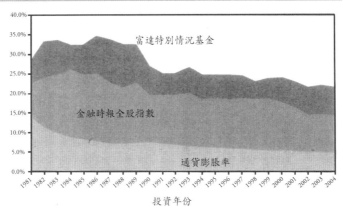

**富達特別情況基金、英國股市與通貨膨脹率**
**1979 年至 2004 年之移動平均報酬率**

投資年份

　　特別情況基金的輝煌紀錄，也可以透過該基金在各種不同期間所締造的年度複利報酬率加以衡量。說明這項績效的正常方式是，計算出能讓一筆原始投資金額增值到現今的基金價值所需的複利成長率。155頁各圖顯示的，是從富達特別情況基金成立以來，該基金與金融時報全股指數歷年的年度報酬率（以每年的1月1日為進場日）。

　　基金締造的成長率，要視所選定的首次進場日期而定，介於33.3%（以2002年12月31日為原始投資日）到7.3%（以2000年12月31日為原始投資日）之間。事實上，不管投資人在這二十五年當中的哪一年進場投資，該筆投資到目前為止的報酬率都會是正數。不管選擇哪一天為首次進場的日期，在所有選定的投資期間，投資人的報酬率都超過金融時報全股指數。

　　第二個圖形從不同的角度呈現複利報酬率的數字。該圖形顯示的，並不是從不同投資日期開始計算的報酬率，而是從基金推出日期起到各年度的報酬率。換句話說，該圖代表的是，在基金推出之時便進場的投資人，在各時間點實現獲利所能獲得的報酬率。

　　這些數據再次凸顯出波頓的管理績效的一貫性。進一步分析這兩組數字之後顯示，過去四年以來，波頓對金融

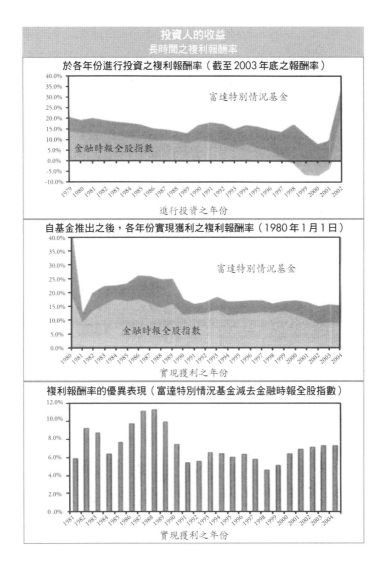

時報全股指數的領先幅度事實上加大了。根據第三個圖形顯示，視所選定的原始投資日期而定，特別情況基金跟股市指數兩者在複利報酬率上的差異介於 4.5%（最低）到 12%（最高）之間。

於 1999 年 12 月 31 日進場的投資人，在相對報酬率上差距最高。這些投資人四年後的複利報酬率是 11.7%，金融時報全股指數在同期間的年複利報酬率卻是-6.6%。相對報酬率差異最小的投資人，是選在 1988 年 12 月 31 日進場的投資人。到 2003 年年底時，這些投資人的複利報酬率是 13.8%，而金融時報全股指數的複利報酬率是 9.3%。

## (二)連續的固定期間報酬率

如果檢視以十二個月為一期的連續期間報酬率，你更可以看出該基金真正的績效表現（也就是在特別情況基金存在將近二十五年的歷史當中，該基金以及整體股市在 285 個連續十二個月期間的表現）。158 頁的第一張圖證明了，該基金的績效起伏頗大，而且展現出一種週期循環的模式。

這是所有傳統股票基金的一項共同特性，反應出股市本身起伏不定的特色。以十二個月為一期的連續期間表現

來說，特別情況基金曾經三度創造出超過 80% 的報酬率，報酬率也曾數度大幅低於零。

如果我們比較富達特別情況基金，以及代表股市大盤的金融時報全股指數兩者的績效，並且以相同的尺度為基準，我們便能很容易看出，該基金的表現比整體股市要來得起伏不定許多。該基金表現最佳的一年期報酬率，往往比整體股市出色許多，而在表現欠佳的一年期期間，該基金的跌幅有時候也會比整體股市來得大，雖然並非總是如此。

一般而言，該基金的表現，一直都跟整體股市與同業基金的方向非常類似；換句話說，如果整體股市走高，該基金的表現也是如此。當股市下挫的時候，該基金的價值大多數時間也是向下修正。這樣的結果符合一般人的期望，也符合標準財務理論的研究發現，也就是說，對任何一檔股票型基金的績效而言，市場走勢本身都是最大的一股影響力。

第 161 頁的三個圖形顯示的是該基金的較長期表現。圖形中顯示的是，從推出之初到目前的二十五年期間，特別情況基金與整體股市的三年、五年以及十年期表現。該基金績效的一貫性同樣清晰可見。例如，自從推出之後，

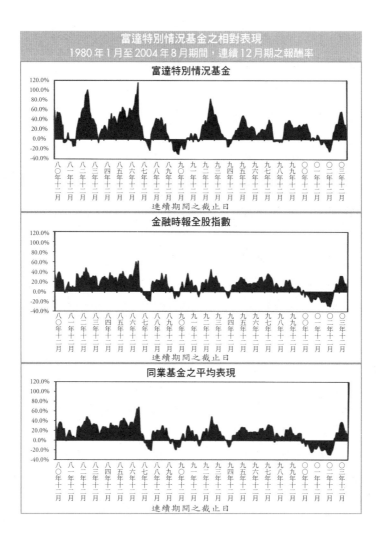

### 連續期間報酬率之解析

| | 單月 | | 單季 | | 單年 | |
|---|---|---|---|---|---|---|
| | 基金 | 股市 | 基金 | 股市 | 基金 | 股市 |
| 平均報酬率 | 1.7% | 1.2% | 5.2% | 3.6% | 21.9% | 14.1% |
| 最佳報酬率 | 18.0% | 13.9% | 44.1% | 20.9% | 115.5% | 61.2% |
| 最差報酬率 | -26.8% | -26.5% | -34.4% | -30.1% | -30.0% | -29.8% |

| | 三年期 | | 五年期 | | 十年期 | |
|---|---|---|---|---|---|---|
| | 基金 | 股市 | 基金 | 股市 | 基金 | 股市 |
| 平均報酬率 | 79.7% | 50.3% | 168.8% | 102.6% | 453.4% | 279.1% |
| 最佳報酬率 | 366.1% | 176.3% | 844.9% | 320.8% | 1459.1% | 692.3% |
| 最差報酬率 | -28.9% | -39.3% | -17.6% | -28.8% | 155.2% | 65.0% |

### 績效表現的差距

| 出現以下報酬率之機率為： | 持股期間 | | | | | | | |
|---|---|---|---|---|---|---|---|---|
| | 三年期 | | 五年期 | | 七年期 | | 十年期 | |
| | 基金 | 股市 | 基金 | 股市 | 基金 | 股市 | 基金 | 股市 |
| >50% | 69.8% | 49.6% | 88.2% | 81.5% | 100.0% | 87.9% | 100.0% | 99.4% |
| >100% | 32.8% | 10.3% | 65.5% | 47.9% | 92.6% | 80.9% | 100.0% | 88.2% |
| >150% | 9.2% | 1.5% | 45.0% | 19.7% | 71.6% | 47.9% | 100.0% | 84.3% |
| >200% | 2.7% | 0.4% | 30.3% | 8.4% | 54.4% | 24.7% | 96.1% | 74.7% |

該基金的連續五年期報酬率，有將近99%的時間都是正數，而整體股市的相對比例不到90%。

檢視絕對報酬率的幅度也是一種有用的做法。以十年期為例，不管投資人選在哪一個月份首次進場投資，該基金都能夠締造出至少100%的報酬率；事實上，截至目前為止，該基金最低的十年期報酬率是155%。該基金所締

造的十年期報酬率，有96%的時間超過200%。金融時報全股指數的相對比例是75%。以五年期言，該基金有65%的時間，其連續報酬率均超過100%。

## (三)頻率以及同儕績效之分析

163頁各圖顯示的是富達特別情況基金在不同期間的平均報酬率，金融時報全股指數的相關數據，以及同性質的英國股票型基金的平均數字，以供比較之用。分析報酬率的出現頻率，可以讓我們更了解該基金創造報酬率的方式。

根據這些數據顯示，有30%的時間，特別情況基金的單月報酬率超越大盤的幅度超過2%，有10%的時間單月報酬率超越大盤5%以上。同樣重要的，在表現欠佳的月份當中，特別情況基金的跌幅往往也小於較整體股市。投資人持有基金的時間越長，波頓越能穩定地擊敗大盤。

該基金出現高報酬率的比例同樣也比其他兩者高出許多。以五年期為例，投資人有88.2%的時間報酬率高過50%；有65.5%的時間報酬率超過100%，45.0%的時間報酬率超過150%。金融時報全股指數的相對比例分別是81.5%、47.9%以及19.7%，而同業基金的相對比例分別

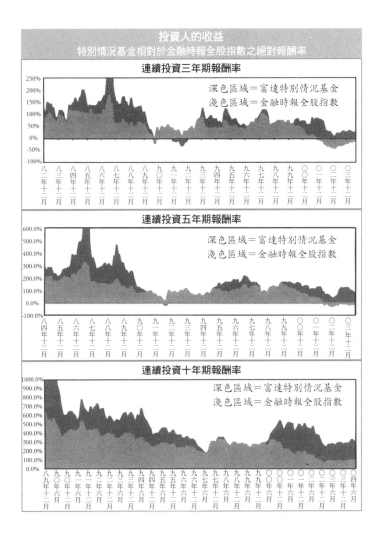

是76.4%、43.6%以及24.1%。

我們可以藉由檢視特別情況基金在同性質基金中的排名，評估該基金的相對表現。基金績效通常是以10%或25%為區塊加以排名。特別情況基金的績效的一項特色是，雖然該基金在短期表現上的排名敬陪末座，經常落在英國全企業區域中表現最差的10%區塊，長期下來，該基金總會重新回到榜首的區塊。在超過三年以上的期間，該基金的排名經常在前10%之內。

不過，以上的相對表現卻凸顯出，相對於金融時報全股指數的表現，特別情況基金在各期間內的表現變化相當之大。超越大盤幅度最大的時期，出現在該基金成立之後的前十年期間。自從當時起，該基金曾經在某些時期之內，連續五年與十年期的報酬率雙雙落後整體股市，不過這些情形是例外而非常態。

該基金在推出之後頭十年內的表現均超越大盤，對於後來成為知名且大型的基金而言，這項特色並不罕見。在特別情況基金推出之後的前幾年，其資產價值不到1,000萬英鎊，投資組合的內容集中在少數幾檔市值較小的股票。在這樣的情形下，一位擁抱風險的基金經理人，會比較容易打敗像金融時報全股指數這類組成內容較為廣泛的

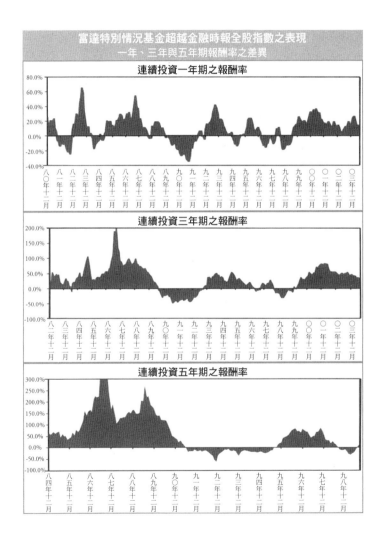

大盤指數。

在波頓管理該基金的前十年期間,以上效應無疑是造就優異表現的原因之一。該基金前十二個月的報酬率為58%,前五年的報酬率是280%,前十年的報酬率則是1,459%。自從那時起,該基金的絕對報酬率終究難逃下滑的命運。在基金超過某個資金規模之後,要維持原始的績效成績是不可能的任務。

令人刮目相看的是,特別情況基金的絕對報酬率雖然降低了,相較於整體股市與其他同性質的基金而言,該基金一直能夠維持同樣幅度的超前表現。

截至2003年年底的二十年期間,富達特別情況基金的百分比報酬率,是金融時報全股指數同期表現的3.5倍,是英國股票單位信託基金產業的平均報酬率的3.8倍。過去十年之內,特別情況基金相對於上述兩者的超前表現幾乎維持不變(3.5倍與3.8倍)。

## 風險分析

波頓自己曾經說過,他的基金的風險比整體股市要高,因此,其報酬率難免比較不穩定。這一直是特別情況

基金對外行銷的方式，波頓的表現也確實一直都是如此。
他的基金所承擔的「主動風險」，比幾乎其他所有同性質
的基金都要多。然而，在這二十五年期間，該基金的波動
率大約只比金融時報全股指數多出五分之一強（每個月
5.72%，相對於後者的4.79%）。

特別情況基金從來不透過融資的方式提升報酬率，不
過，在該基金的姊妹基金富達特別價值基金的十三年歷史
當中，後者偶而會利用這種做法。在股市行情上揚的時
候，利用融資以提升資本規模的基金表現，會比不允許融
資的基金來得出色；同樣地，在行情下挫的時候，前者的
損失會比後者來得慘重。波頓的單位信託基金的紀錄，並
沒有因為融資而受到膨脹。

由於報酬率如此傲人，特別情況基金是極少數幾支能
在二十五年內締造正數風險調整報酬率的基金之一。例
如，截至2003年年底的三年期期間，在隸屬於英國全企業
區域的三百一十檔基金當中，只有九檔基金的夏普比率
（Sharpe ratio）是正數，特別情況基金便是其中之一。以諾
貝爾獎得主威廉‧夏普（William Sharpe）命名的夏普比
率，是比較常用來評量風險調整報酬率的方式之一。

特別情況基金難免經歷過幾段表現比整體股市更糟糕

的時間。如同我們已經注意到的，投資人持有該基金的時間越長，該基金表現落後大盤的機率就越低。在持有期超過七年以上的期間裡，不管你選定哪一個月份為進場點，到目前為止，該基金的報酬率都勝過整體股市。

以超過三年以上的時間來看，該基金的最差表現，往往也不像股市指數那樣災情慘重。這樣的結果往往確認了同業的觀察結果，那就是波頓趨吉避凶的能力，是讓他能夠挑選出贏家股票的一大優勢。如果某基金的三年期或更長期的最差報酬率，不如整體市場那般令人失望，這樣的基金是否可以被歸類為一支在本質上風險較高的基金，是一件有待爭論的事情。

但是，如果你跟某些分析師一樣，將風險定義為基金的「追蹤誤差」，那麼，特別情況基金的確可說是風險較

| 1980-2004 年間表現最差之期間 | | |
|---|---|---|
| 持有期 | 富達特別情況基金 | 金融時報全股指數 |
| 一年 | -30.0% | -29.8% |
| 二年 | -26.6% | -39.9% |
| 三年 | -28.9% | -39.3% |
| 五年 | -17.6% | -28.8% |
| 七年 | 55.4% | 9.5% |
| 十年 | 155.3% | 65.0% |

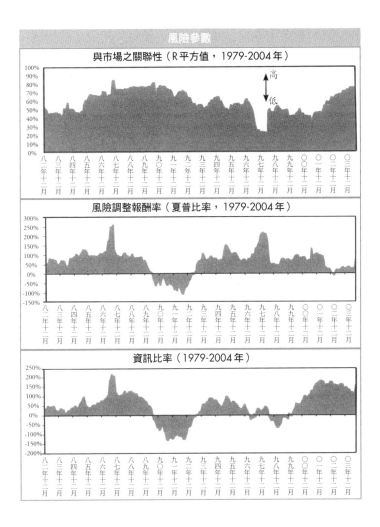

高；追蹤誤差指的是，基金的績效偏離整體股市的程度。
根據以下由WM投資顧問公司提供的圖形顯示，波頓一直
能夠達成自己宣示的目標，也就是確保自己的基金的表現
方式，不會類似於整體市場（以金融時報全股指數為代表）
或是同性質基金的表現。

在基金管理這行當中，超過10%以上的追蹤誤差並不
常見。在截至2004年8月為止的三年多期間當中，富達特
別情況基金的追蹤誤差為11%。這樣的數字幾乎比其他所
有同性質的基金都要高出許多。WM Company的研究部主
任邁杜格注意到，波頓一直信守特別情況基金所宣示的目
標，絕對不會採取跟整體市場相同的做法（註4）。

另一種檢視某基金的行為跟其他同業的整體行為的方
式是，檢視該基金的報酬率跟整體市場的報酬率之間的相
關性。利用迴歸分析（regression analysis），我們可以根據
各基金與金融時報全股指數之間的相關性，對各基金進行
排名。第167頁的第一個圖形說明了，自從富達特別情況
基金推出以來，這項所謂的r平方值的評估標準的變動情
形。在該基金的二十五年歷史當中，其平均r平方值是

---

4　有關邁杜格的分析報告之全文，請參閱本書附錄。

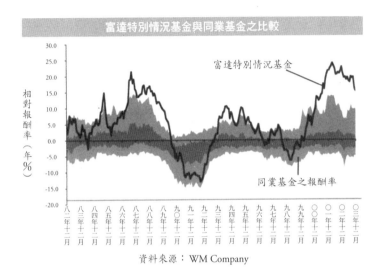

富達特別情況基金與同業基金之比較

相對報酬率（年%）

富達特別情況基金

同業基金之報酬率

資料來源：WM Company

0.58，高低值分別為 0.20 以及 0.85。跟整體股市保持完全相關性的基金，其 r 平方值將會是 1.0。在同性質基金當中，富達特別情況基金的這項數值相當低，證明了波頓的投資方式的確是反向操作。

　　另外兩種追蹤基金行為與績效的標準工具，是資訊比率以及夏普比率。這兩項比率分析的，都是基金在風險調整的基礎下相對於整體股市的表現。以這兩項比率而言，正數的數值代表的是表現優異的基金；大多數基金都無法達到這樣的成績。這些圖形說明了，波頓在大部分的事業

生涯中始終能夠創造出正數的比率，但明顯的例外發生在
1990到1991年的經濟衰退期，以及1998到1999年之間。

分析師認為，如果在多年期間都能維持正數的數值，
資訊比率會一項最可靠指標，可以評估基金的績效是否來
自基金經理人的操盤功力。超過0.5的資訊比率值得特別
注意。很少有其他的英國股票基金經理人，能夠在過去二
十五年內創造出數值如此大或是正數的資訊比率（平均值
為0.63，中間值為0.71）。

## 投資風格分析

許多專業顧問也喜歡分析基金相對於某個或是某些

### 排名與資訊比率 1980-2003

| 期間 | 排名位於第幾個四分位區塊 | 排名／基金總數 | 期間 | 資訊比率 |
|---|---|---|---|---|
| 1980-82 | 1 | 5 / 58 | 1980-82 | 0.27 |
| 1983-85 | 1 | 8 / 58 | 1983-85 | 0.33 |
| 1986-88 | 1 | 1 / 94 | 1986-88 | 1.42 |
| 1989-91 | 4 | 87 / 94 | 1989-91 | -1.15 |
| 1992-94 | 1 | 3 / 154 | 1992-94 | 0.82 |
| 1995-97 | 1 | 12 / 154 | 1995-97 | 0.25 |
| 1998-00 | 1 | 10 / 128 | 1998-00 | 0.71 |
| 2001-03 | 1 | 2 / 128 | 2001-03 | 1.40 |

「風格指數」的表現。這種做法的邏輯在於，一檔基金有
可能因為本身的某種投資風格奏效，而在中、短期內表現
出色。例如，當小型類股表現超前的時候，一檔主要投資
小型類股的基金的表現，通常會比整體股市來得出色，反
之亦然。在這些情形下，基金的表現無關乎經理人本身的
技巧。

在其他的時候，當「價值型股票」當道的時候，喜歡
投資這類股票的基金經理人將會有很出色的表現，反之亦
然。長久下來，這些風格偏好的效應往往會相互抵銷，而
堅持採用某種特定投資風格的基金，不可能長期打敗整體
股市。因此，基金研究所要做的，是去除基金經理人的特
定投資風格的效應，看看除了天時與地利的因素之外，是
否還有其他原因可以說明基金績效。通常的做法不是去比
較基金與某種股市指數兩者的表現，而是比較基金與某些
能反映出不同類股（小型股與大型股、價值股或是成長股
等等）的指數的表現。

以富達特別情況基金這樣的股票型基金而言，基金的
實際績效，與投資人根據基金的風格偏好而預期可以達到
的報酬率兩者之間的差異，可以視為一項反應基金經理人
技巧的指標。我們根據英國最大的基金經紀商的分析師所

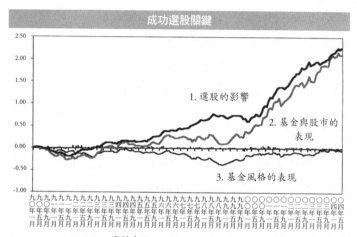

成功選股關鍵

1. 選股的影響

2. 基金與股市的表現

3. 基金風格的表現

資料來源：Hargreaves Lansdown

進行的研究，在本書〈附錄〉中舉了一個相關的範例。我們也要強調，這些經驗只是分析師針對基金所進行的整體評估報告的部分內容（註5）。

然而，與波頓有關的研究確認了一件事情：他的成就不能完全，甚至根本不能歸因於風格的效應。172頁圖比較了該基金的實際表現，以及基於該基金偏好投資中、小型類股的風格而預期應有的表現。其中所要傳達的訊息很

5　有關該報告的全文內容，請參閱本書附錄。

清楚：自從 1990 年起，也就是 Hargreaves Lansdown 公司開始採用數據組合（data series）進行分析的時候，富達特別情況基金所締造的超前表現，幾乎要全數歸功於波頓的選股能力，而不是因為該基金的投資標的是表現勝過大盤的類股。

## 最有利與最不利的持有時期

我們之前已經提過，以絕對數字來說，買進該基金的最有利的一年，是基金推出的那一年。不過，在此之後還出現過無數次機會，讓投資人可以買進該基金並獲致可觀的正報酬率。該基金相對表現最差的兩段期間出現在 1990 至 1991 年的經濟衰退期，當時該基金曾經連續七季出現負報酬率，以及 1990 年代晚期，在當時，波頓的價值型投資風格不受市場青睞。但是，以後者而言，該基金持續創造出色報酬率：不理想的是基金相對於整體股市的表現。

對於一個真正眼光長遠（這裡的定義是十年以上）的投資人來說，該基金唯一一次未能打敗股市大盤的情形，是投資人在買進基金的十年之後，選在 1997 年年底到 2000 年年初之間賣出基金。

在此基礎之下，買進該基金最不利的單月是1987年9月，也就是1987年10月股市大崩盤的前1個月。不過，如同波頓所注意到的，在此之前，該基金在當年內已經上漲了90%，因此，價格出現修正也是在所難免的事情。

如同我們曾經提過，正式推出之後的前十年，是該基金表現最佳的十年期；當時規模比目前小了許多，從比例上來說，超越大盤表現的潛力因此較高。自從推出後到1989年12月，該基金的年複利成長率是31.6%，相較於整體股市22.2%的年複利成長率。在最近的十年內（至2003年12月），該基金的年成長率為14.5%，而金融時報全股指數的年成長率則是5.8%。

整體而言，從歷史來說，購買特別情況基金的最佳時機，是在該基金出現一段疲弱表現之後。購買該基金的最不利時機，則是在一段超強的表現之後。這是所有最佳基金經理人的特色，事實上以整體股市而言也是如此（不過，根據觀察顯示，大多數投資人投資基金的方式事實上正好相反，在基金剛剛交出亮麗成績單之後進場，在基金表現相對欠佳的時候出場）。

# 富達歐陸基金的表現

　　第176頁表格顯示富達歐洲在波頓的管理下（1985年11月至2002年12月）的報酬率。下圖顯示波頓相對於評量基準摩根士丹利歐洲指數（不包含英國）的連續三年期報酬率，並凸顯出該基金始終如一的強勁表現。該基金報酬率的模式在大多數時間中均遵循富達英國基金的腳步，這項事實凸顯出，這兩檔基金係以大致相同的手法進行管理。

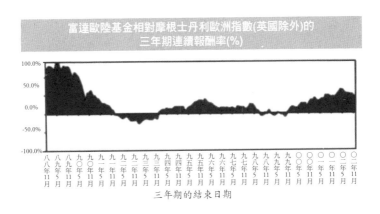

富達歐陸基金相對摩根士丹利歐洲指數(英國除外)的
三年期連續報酬率(%)

三年期的結束日期

| 富達歐陸基金的績效 | | | |
|---|---|---|---|
| 波頓<br>管理期間 | 富達歐陸基金 | 摩根士丹利歐洲<br>指數（英國除外） | 報酬率差異 |
| 1985 | 20.6% | 19.3% | 1.3% |
| 1986 | 72.8% | 40.7% | 32.1% |
| 1987 | -7.9% | -29.8% | 21.9% |
| 1988 | 62.8% | 31.5% | 31.3% |
| 1989 | 56.4% | 38.2% | 18.2% |
| 1990 | -23.9% | -21.1% | -2.8% |
| 1991 | 8.2% | 19.3% | -11.1% |
| 1992 | 8.6% | 15.2% | -6.6% |
| 1993 | 61.7% | 36.5% | 25.2% |
| 1994 | -5.7% | -6.5% | 0.8% |
| 1995 | 29.2% | 30.1% | -0.9% |
| 1996 | 22.6% | 12.4% | 10.2% |
| 1997 | 22.1% | 24.4% | -2.3% |
| 1998 | 23.5% | 27.3% | -3.8% |
| 1999 | 27.0% | 12.2% | 14.9% |
| 2000 | 20.3% | 10.5% | 9.8% |
| 2001 | -10.9% | -24.9% | 14.0% |
| 2002 | -6.3% | -27.9% | 21.5% |

註：1985：兩個月
2002：十一個月

# 結論

在波頓的管理之下，特別情況基金的表現鶴立雞群。
不管是從絕對數字（他替投資人創造的收益）的角度，或

是相對於其他基金經理人,或是相對於被大多數英國股票
基金經理人視為評量基準的股市指數的表現來看皆是如
此。更令人佩服的是波頓操盤績效的一貫性,以及他那非
常有利的風險特質。以資訊比率及夏普比率這些衡量標準
而言,特別情況基金的表現也是成效卓越:

- 以絕對數字來看,自從正式推出的早期階段之後,該
  基金的表現相形失色。此一事實部分反映出該基金在
  推出的十年內締造出優異的報酬率,以及基金規模不
  斷成長的問題,但也反映出通貨膨脹率下跌的衝擊,
  後者是過去二十五年以來最重要的一股長期經濟趨
  勢。長久下來,當通貨膨脹率跟利率雙雙下降之後,
  股市的正常報酬率終究難免會隨之下降。

- 話雖如此,該基金始終能夠相當穩定地領先整體股
  市。該基金在實質數字上的表現亦是如此(也就是扣
  除通貨膨脹的效應之後)。事實上,由於該基金在空
  頭市場的艱困環境中表現得出色,過去幾年來,波頓
  的基金領先股市的幅度已經擴大。

- 在大多數的市場行情之下,該基金一直都能維持自己
  的表現水準。以絕對數字而言,該基金表現最差的時

期出現在 1990 至 1991 年之間，其價值從 1989 年 8 月的最高點下跌了 33.3%，於 1991 年 1 月來到最低點。在特別情況基金的 25 年歷史當中，該基金經歷過七個表現不佳的年頭，但其中只有兩年的損失超過 10%。

- 從相對數字來看，該基金也有過幾次年度表現落後整體大盤的經驗。其中歷時最久的時期出現在 1990 年代中期到晚期之間。在當時，多頭市場正逼近行情最高點，投資人對大型股（波頓很少投資這類股票）的需求，比波頓偏好的中小型股熱絡許多。

- 根據針對該基金單月報酬率的詳盡分析顯示，該基金的成功率（strike rate, 表現優異的月份對表現欠佳的月份），跟同性質基金的平均數字相去不遠。其中關鍵性的差異在於，該基金在出現正報酬率的月份，其平均單月表現比同性質基金或整體股市要出色，而在表現最差的月份中則並未比後兩者遜色多少。

- 不管投資人選定哪一個月份進場投資，在所有的十年期持有期間，其報酬率都不曾低於 150%。雖然在某些十年期的表現不如整體股市，這樣的情形只出現過兩次，而且只有一次（1990 至 1991 年的經濟嚴重衰退期）歷時超過 3 個月。

# 第四章

絶不盲從——
剖析波頓現象

我們在前一章當中，詳盡分析了波頓的英國特別情況基金的績效。對於了解投資產業生態的讀者而言，這些數據傳達的訊息明確無比。波頓基金群二十五年的輝煌紀錄的確是不可思議的現象，驗證了同業的高度評價。

其中有三點尤其令人折服：波頓的基金績效之一貫性；同時在兩大市場（英國與歐洲大陸）中締造了同樣輝煌的紀錄；儘管波頓目前管理的基金已經成長到如此龐大的規模，幾乎讓其他零售型基金相形見絀，波頓依然能夠保持紀錄不墜。

## 基金績效之迷思

如此傲人的表現要如何解釋？投資人又能夠從波頓的經驗中學到什麼？我們將在本章當中，從不同的角度檢視這些問題，包括徵詢曾經跟波頓密切合作者的看法。波頓自己承認，由於他是在對股票投資最為有利的行情中管理特別情況基金，自己因此受惠蒙利。

---

1　美國的國際資本集團（Capital International）被視為當代最成功的基金管理集團。該公司也是一家私人擁有的企業，擁有強烈的內部文化，不受集中式管理的干擾，這一點或許不是巧合。

　　1982 年到 2002 年之間牛氣沖天的多頭行情，加上嚴重
通貨緊縮的推波助瀾，讓該段時期毫無疑問地成為二十世
紀中擁有股票的最佳時機。股市在這十八年期間的年報酬
率（實質報酬率為 11%），比股市的平均報酬率成長 50%。
對基金經理人來說，這顯然是一段極為有利的時間；如果
要選擇一個時間點建立選股高手的名聲， 1980 年代初期
是最適合的時機。當時的多頭市場，替波頓這種積極尋求
風險報酬的基金經理人，創造了一股強勁的順風。

　　我們現在可以了解，當時的波頓運氣不錯，有機會在
富達正要進軍歐洲時，加入這家世界一流的基金管理公
司。如同我們所了解，當時誰也不敢保證，富達後來會有
如此卓越的成就。在這二十五年期間，富達已經從沒沒無
聞的角色，登上英國單位信託基金產業的龍頭寶座，享有
8% 的市佔率。雖然富達最主要的業務還是放在個別投資
人的市場，該公司也跨足進入法人市場。

　　事後證明，很少有其他基金管理公司的環境，比富達
更適合或是更支持一個有心追求選股事業的人。做為一家
主要業務為基金管理的私人企業，富達一直能夠避開內部
鬥爭以及經營權數度易手這些經常困擾基金經理人的問題
（註1）。富達的營運模式已獲證明的確具備歷久不衰的實

力，任何一家積極管理的基金公司都必須具備這項能力，才能迎接指數化管理的嚴格挑戰。

波頓承認，富達講求以研究主導股票投資，這種營運方式非常適合波頓。「負責進行投資的人在富達受到相當好的保護，」波頓的第一位主管廷柏雷克表示，他目前經營一家組合基金公司（fund of funds, 譯註：以其他基金為投資標的基金），經常跟重要的基金管理集團進行接觸。「他們不需分心去從事行銷或是行政的工作。其他的基金經理人大多得花很多時間從事行銷、自己的行政工作以及客服工作。如果你可以分割投資、資訊管理與行政、行銷這三項職責，並替各項職責找到最優秀的團隊，委任其他人負責其他的工作，你就會有比較大的機會，可以創造一個優秀的組織。波頓近幾年來一直有出色的分析師的強力支援。我認為，他非常懂得如何從這些人身上得到自己需要的支援。」

富達國際的副董事長貝特曼表示，該公司會特意嚴格限制基金經理人花費在其他非核心業務的時間，所謂的核心業務指的是挑選股票。富達內部的規定是，基金經理人每年從事行銷工作的時間不得超過一週，不過實際上，這條規定並未嚴格執行。貝特曼表示，波頓一直勤於跟客戶

以及客戶的投資顧問進行接觸，以便向他們說明基金績效的背景資料，尤其是當他交出的成績不如往常般出色時。「大多數基金經理人在績效欠佳時往往會躲藏起來，直到自己的績效改善為止，」貝特曼說道，「但是，當波頓表現失色的時候，他總是會特別努力與客戶及投資顧問保持聯繫。」

但是，波頓恰巧在多頭氣勢旺盛的有利環境下管理資金，或是有幸加入富達，無法完全解釋他何以能在不同的行情循環中，始終如一地打敗大盤。上一波的多頭行情一直持續到2000年才結束，在緊跟著出現的慘烈空頭市場中，波頓依然能夠以相同的幅度打敗大盤，這項事實足以證明，波頓的操作手法具備其他基金經理人似乎欠缺的某種特質。雖然以絕對數字而言，波頓有過表現欠佳的時期，而且歷時十八個月以上，不過，投資人持有該基金的時間越長，該基金的表現便越出色且越穩定。

根據統計數字顯示，在過去二十五年裡，不管選在哪個月份進場，只要持有該基金的期間超過七年以上，投資人就可以勝過大盤。這樣的統計數字，比乍看之下更加令人佩服。

## 其他人的看法

徵詢曾經跟波頓密切合作過的人的想法，讓我們能更加了解波頓何以會成為如此成功的基金經理人。跟我會談過的所有人，都滔滔不絕地向我訴說波頓工作得多努力，以及他在工作上所展現的紀律。

跟波頓共事超過二十年的莎莉‧瓦頓表示，波頓小心翼翼地管理自己的時間。「他不是那種會留在咖啡機旁跟人閒聊的人。他會刻意確定，自己沒有浪費一絲一毫的辦公時間。雖然他從不會對人不客氣，卻會用最優雅且技巧的方式讓你知道，他已經從你那裡得到他想知道的東西。」

波頓一登上火車或是飛機之後，便能立刻埋首研究成堆的研究報告，許多同事都對波頓這項能力大表佩服，2003年由波頓手中接下歐洲海外基金的克萊普便是其中之一。

廷柏雷克根據自己多年來跟基金經理人合作的經驗表示，波頓的成功關鍵之一在於，他擁有一種奇妙的能力，能夠評量與解讀市場對某檔股價的期望為何。「在我看來，想要了解波頓的最重要的一件事情是，波頓擁有兩個

大腦。出色的基金經理人未必經常擁有數學學位，也未必是傑出的會計師或精算師。這些人通常會成為彆腳的基金經理人。了解群眾心理更加重要，這是一項講求創造力的技能。心理學學位的背景，比會計學或是經濟學更加重要。你需要的是擁有全方位頭腦的人才，就像波頓一樣。波頓不僅具備一流的全方位頭腦，他也了解市場跟心理學。他富有創意，能夠了解其他人的行為。」

富達特別價值基金的董事長哈蒙─錢柏斯同意上述的看法。哈蒙─錢柏斯認為，波頓擁有「最神奇的特殊能力，能夠了解市場對某檔股票折價的理由何在。沒有太多人能夠在檢視一檔股票之後，立刻了解市場對其看法為何。大家以為自己有辦法做到。如果你在2000年3月時問大家，股票市場對伏得風的看法如何，結果會有90%的人看走眼。但是波頓能夠憑直覺了解，某檔股票的股價如何反映出股市對該公司的看法，而根據他自己的感覺與經驗，他也知道自己是否應該同意股市的看法。如果他不同意，這當中就會有一個買進的機會。」

跟波頓共事超過二十年以上的傅雷澤，目前是富達的投資長。根據傅雷澤表示，波頓具備敏銳的直覺，能夠了解某企業對股票市場、潛在的交易或是私募基金經理人的

　　價值為何，這一點強化了波頓對於買進不受青睞的股票的信心。「波頓樂於買進其他人不願意碰觸的低流動性股票的原因之一在於，」傅雷澤表示，「他根據自己對價值的直覺了解，總有一天會有人向他開價，要買進他手中的股票。」波頓成功地找到一些後來成為他人併購目標的股票，這一點可以做為充分的證明。在某一年當中（1999年），他持股的三十家公司神奇地成為其他企業併購的對象，或是參與了其他類型的企業活動。

　　傅雷澤補充說道，波頓不僅擁有能夠看出機會的珍貴天賦，他還有勇氣與果斷的決心，能夠在為時未晚之前，根據自己的直覺採取行動。「到頭來，成功的投資講求的是比市場中的其他人看得更清楚，並且在其他人做出同樣的結論之前，根據自己的看法採取行動。波頓擁有採取行動的能力，而不光只是在紙上談兵。」

　　不過，波頓的同事瓦頓表示，有關波頓的最重要一點是他那不妥協的堅定性格。瓦頓認為，波頓的智慧大多是經過學習吸收內化而來。「波頓是個很難解讀的人。他說的話聽起來總是非常簡單，甚至簡化。坦白說，有很多基金經理人說得比做得好聽，卻沒有人能夠說到做到。波頓非常冷靜。不管發生什麼事情，他都會繼續進行下一個工

作。我認為，做為一位基金經理人，今天的波頓絕對比十五年前的他要出色。」貝特曼也做如是觀。

　　貝特曼認為，雖然波頓的成就並非偶然，但是，波頓對富達成功的國際業務所做的貢獻，更容易受到忽視，尤其是波頓替富達建立了一套營運模式。「除了斐然出眾的操盤績效之外，波頓是一位沉靜、作風低調的好好先生，替富達的整個投資業務奠定了基調。老實說，許多所謂的『明星』基金經理人並不講理而且不容易管理。我們一直沒有這樣的問題，絕大部分因素在於波頓樹立了非常好的典範。我們其他人都必須遵循同樣的風格。我們的基金經理人通常都很容易管理，在公司裡適應良好，也非常支持公司。絕大部分的原因在於波頓以身作則的作風。這對我們影響重大。」

　　貝特曼表示，波頓成功地運用了富達給予頂尖基金經理人的豐富資源，這一點同樣令他大表佩服。「例如，我們是最早舉辦專業投資說明會的公司之一。我們認為，要辦說明會就要辦得有聲有色，成為業界最成功的盛會。其中真正的成本是時間。波頓年年都參與說明會，不僅只在英國，還包括歐洲、台灣與澳洲。波頓對於親自出席的堅持，有助於成就他的基金與他自己的名聲。」貝特曼表

示，波頓早期做過的另一件事情是，他花了許多時間跟公司的其他部門接觸。「例如，我們的電話銷售業務規模很大，波頓比其他基金經理人都要常下樓來，跟電話銷售員討論他的基金。他向來都會花時間告訴同部門的其他同事，他目前在做些什麼。在我們的所有基金經理人當中，大家最常看到波頓的身影。他非常忠於富達跟富達的員工。這對公司的業務有所助益，對他自己也有幫助，大家因此比較了解他，也會給他比較多的支持。」這一點在1990到1991年之間特別重要，由於富達特別情況基金當時表現不佳，面臨了一波基金贖回的威脅。

## 偉大投資人的必備特質

彼得‧傑瑞早期曾在富達與波頓共事，後來離開富達，與廷柏雷克共同創辦了基金研究公司。傑瑞表示，在他的心目中，波頓毫無疑問是英國基金管理產業當中少數幾位真正的「大師」之一。所有出色的基金經理人都有一些共同特色 ──知識、技巧、熱忱、付出以及「對工作的熱愛」，以上只是一些比較明顯的特質。但是，偉大的基金經理人還有一項比較不容易定義的特質，讓他們得以在

同業當中與眾不同。波頓跟林區都具備這些特質,傑瑞表示,波頓能跟林區相提並論是實至名歸。「我認為最重要的一點是,他們兩人都是獨立自主的人。任何跟波頓共事過的人都知道,他具備無人能及的獨立思考能力。在研究一家公司的時候,波頓會盡量引用各種事實與意見,但是他最後的分析,會完全取決於他對某種狀況、企業前景或是股票價位的判斷如何。波頓不會受到流行、風潮或是市場當前看法的影響。」

在被任命擔任富達特別價值基金董事長一職不久之後,哈蒙─錢柏斯分析過波頓的操盤績效。他表示,你可以用許多比喻來描述出色的基金經理人。吉米‧吉墨爾(Jimmy Gemmell)是位於愛丁堡的投資公司Ivory & Sime的創辦人與精神領袖,他總是說,最好的比喻是航行;雖然你要從A點航行到B點,你未必總是以直線前進。你有時候會改變航向,有時候順風航行,有時候橫風航行。有時候,由於風勢非常險惡,你必須收起帆蓬。換句話說,你必須根據狀況調整自己的風帆與航行。投資專家非常擅長這些事情,這也是波頓表現非常出色的地方。我認為,他是非常好的舵手。

事實上,約翰‧恰特菲─羅伯茲(John Chatfeild-

Roberts）表示，波頓是罕見的完美基金經理人典範；他目前負責替富達的競爭對手朱比特資產管理公司管理一檔組合式基金，投資富達特別情況基金已有許多年的時間。在篩選最佳基金經理人的時候，恰特菲一羅伯茲跟他的同仁找尋的特質是，「想要從事艱困工作的能力與渴望，能夠看出機會並迅速採取果決行動的能力，以及比身旁大多數人高瞻遠矚的想像力。」波頓強烈展現出這三項特質。

「如果你在火車上看到波頓，你會發現他在閱讀研究報告；當他讀完報告之後，他會在火車到站之前將報告丟到垃圾桶裡，這種情形二十年如一日。投資機會？多年下來，他的投資組合當中出現過許多投資主題。最近的例子是洛伊德保險公司（Lloyd）的保險商品，許多人並不看好這些商品，即使是看好的人也太早出售這些商品，而未能充分享受其中的利益。想像力？看一看諾基亞這檔從1990年代早期起一直保有的持股，在當時，行動電話才剛起步，大多數人（包括作者在內）誓言不會容忍行動電話造成的干擾。現在如果沒有行動電話，我們會變得如何？擁有上述能力中的一項，或許就可以讓你成為一位出色的經理人，但是三者兼而有之，你就會成為一代大師。」

恰特菲一羅伯茲也認為，波頓喜歡在閒暇時創作音

樂，背後或許有其道理。「研究顯示，對腹中的胎兒演奏古典音樂，可以刺激胎兒大腦中主管音樂與數學能力的部分。據說在牛津大學，主修數學的學生在接近期末考的時候，會偏好參加巴哈的演奏會。因此，對數字模式天生的領悟力——反映在企業財務數據上——或許是讓波頓保有優勢的原因之一。」

哈蒙－錢柏斯補充說道：「波頓在投資時投注的心思，以及他不同於群眾的想法，是讓波頓能夠找出其他人看不到的價值的兩個最重要的原因。我注意到的一點是，波頓所犯的錯誤實在少得驚人。我認為部分原因在於他非常注重價值，因此，他所從事的許多投資都沒有嚴重的負面效應。他不會追逐熱門的股票。我相信他也會犯錯——我們都會犯錯——你必須檢視他的收益／損失比率。你通常會認為，出色的投資組合經理人的十檔持股裡面會有六檔賺錢，兩檔不賺不賠，兩檔賠錢。這樣的結果足夠創造出不錯的報酬。波頓的表現更加傑出，尤其是他手中的賠錢股票數量非常少。」

Hargreaves Landsdown 研究部門主管馬克‧丹比爾（Mark Dampier）表示，雖然波頓流露出自信心，卻沒有基金經理人常有的傲慢缺點。「他的管理風格很難精確說

明，但是，他能以不同於整體股市的方式檢視股票，似乎是他真正的天分。換句話說，他相信自己的評價技巧，而不是其他人使用的方式。」他的投資過程並不複雜，就是找尋受到市場忽視的股票。「這種投資風格有可能在某些市場週期中不再流行，尤其是在人氣退潮的時候，但是，當這種風格再度風行時，波頓就會東山再起，回補所有的損失。投資人往往會忘記，在1987年的股市大崩盤之後，以及在1990年初期的景氣衰退期間，波頓的表現相對欠佳。想要跟著波頓的基金賺錢，你必須耐心等候，陪他度過艱困的時間。如果你這麼做的話，就能得到湧泉以報。」

## 波頓的成就格局

在分析過這些不同的看法，以及努力評估波頓成就的真正格局之後，我們不得不說，很少有基金經理人像波頓一樣，從事同一份工作或是管理同一檔基金長達二十五年之久。波頓在這份工作上的年資，一定會讓他自己的紀

---

2　套用富達投資長傅雷澤的說法，這是「升職成為公司的負擔」。

錄，在任何一項長期績效的評比當中鶴立雞群。值得注意的是，他從未因為受到其他更有利可圖的工作機會的誘惑而有意離開富達，雖然他從來不缺乏這樣的機會。

根據波頓本身跟他的同仁的說法，波頓樂於享受管理一檔成功的基金所伴隨而來的自由。他比較不喜歡管理法人機構的資金，像是退休基金，因為投資顧問以及其他人經常介入及質疑基金經理人所做的決定，這種情形令人不堪其擾。

同樣重要地，波頓展現了魅力與毅力，他堅守在一份要求嚴格的工作的時間，比他的大多數同業都要久。雖然有些基金經理人可以在五年，甚至十年的期間交出亮眼的成績單，卻有許多人發現這份工作的壓力過於沉重，最後轉業到壓力較輕的工作，或是轉任行政管理的職位<sup>(註2)</sup>。

相形之下，儘管在富達工作的二十五年當中，波頓有十七年的時間同時管理英國與歐陸基金，波頓一直堅守在自己的工作崗位之上。雖然波頓目前已經卸下歐陸基金的管理工作，部分原因是要免去原先必要的出差行程，他的耐力卻值得我們注意。這樣的觀察結果或許是老調重彈，但是，想要締造卓越的長期操盤紀錄，基金經理人得先確定自己能夠堅持到底。

　　如同〈附錄〉中的專業報告指出，不管你用哪一種方式分析這些數字，都很難用風險與風格的效應，來解釋波特的操盤績效。的確沒錯，波頓負責管理的基金群，一直都在承擔投資顧問所謂的「積極風險」。波頓基金群跟股市指數間的相關性一直很低。

　　跟大多數基金經理人相較起來，波頓的投資組合看起來比較不同於金融時報全股指數。這是一種特意的決定，因為波頓從一開始便決定冒險獨排眾議，堅持自己對個股價值的看法。從這個狹義的角度來看，這些「積極風險」有助於解釋波頓的基金何以能創造出比整體股市或是同業基金高出許多的報酬率。

　　但是，光是採取不同於股市大盤的方法，不足以解釋波頓何以能獲致如是成功：如果採取百分之百的反向投資手法，是確保創造超前表現的不二法門，那麼，可以確定的是，業界裡的所有人都會採取同樣做法。人們之所以沒有這麼做的原因在於，想當個反向投資人，同時又能正確無誤，實在難如登天。在操盤基金時承擔許多積極風險，往往會導致基金績效嚴重落後大盤，而不是大幅領先。

　　檢視波頓的基金投資「風格」，可能可以解釋波頓何以能在某些期間內領先大盤。例如，自從空頭市場於2000

年結束起，有明顯證據可以證明，股票市場對波頓這類型
的投資人的回報，遠遠超過其他類型的投資人。這也是波
頓會有如此優異表現的原因之一。同樣地，波頓在1990年
代後半期並未投資大型股，以及他拒絕高價買進受到過度
炒作的網路股，可以解釋波頓當時的表現何以遠遠落後股
市大盤。

　　但是，「風格分析」無法解釋的是，在管理特別情況
基金的整整二十五年當中，以及在此期間的任何一個連續
五年期與七年期間，波頓都能締造優異表現。其中原因在
於，風格差異的效應往往會隨時間消散；如同我們之前引
述的分析結果顯示，長期下來，波頓的績效幾乎全數來自
他的選股能力，而不是基金的投資風格。

## 逆向投資的重要性

　　不管如何，波頓的投資理念是，到自己認為有利交易
存在的地方進行搜尋，不管這些交易會對他的投資風格帶
來什麼衝擊。他的主要目標，是要確保自己絕對不會買進
其他人都在買進的股票。這種逆向操作的手法，顯然是波
頓的成功關鍵之一；然而，對於那些將「風險」定義為基

金持股內容偏離股市指數的人來說，他們沒有太多選擇，只能認定波頓採取的是令人難以忍受的高風險投資手法。早期的價值型投資人所大聲疾呼的簡單道理，可以用來駁斥上述這種說法，這也包含巴菲特跟波頓在內的許多人的共識。

這些人主張，投資人能將投資組合風險降至最低的最佳方式是：(1)藉由買進多種不同的股票來分散投資；(2)只買進以絕對價值而言屬於低價的股票。以低於實際價值的價格買進股票的風險，怎麼會高過不計價格買進大家都在購買的股票呢？沒道理嘛。

相關數據支持上述看法：波頓選股的成功率接近七成，幾乎比所有競爭同業都高，而他的基金的最大跌幅——在空頭市場中經歷的最大高低點跌幅——往往比整體市場要低；而如果該基金的風險的確遠遠高過整體市場，其實際跌幅也不比應有跌幅來得大。如果波頓的基金群的波動率比市場來得大，這或許只是告訴我們，以學術方式衡量的波動率，不適合用來說明風險在投資中的真正意義。由於證據明確顯示，整體而言，專業基金管理產業無法長期勝過股市大盤，因此，當例外情形發生的時候，我們必須尋找進一步的解釋。以波頓的情形來說，想要以基

金的風險性解釋波頓的操盤績效，和將波頓的成功歸因於運氣與時機，這兩種做法同樣輕率。證據並不支持這樣的結論。

如此一來，在探討波頓成就的原因之時，我們就得深思某些難以明確解釋的因素。努力工作以及對於自己的職責的投入與付出，是波頓擁有的兩項比較明顯的特質，但是，雖然這兩項特質令人敬佩，許多表現不如波頓的基金經理人都擁有這些特質。這兩項特質可以用來解釋波頓成就的必要條件，卻不足以做為充分條件。

富達的分析師團隊所提供的知識與紀律，顯然是另一項重要的因素，攸關管理規模龐大的富達特別情況基金，如果沒有富達提供的充沛資源，波頓或許不可能有今天的成就。話說回來，這不會是完整的答案——富達的其他基金經理人也享有同樣的資源，卻無法複製相同成就。

相較於波頓所能運用的資源規模，另一件更重要的事情是，波頓一直能夠讓他的支援團隊，在他需要的時間，以他需要的方式，正確地提供他需要的資訊。

最重要的或許是，波頓在富達的主管們願意賦予他自由，讓他持續以一種很少公司能夠長期支持的方式進行投資。跟市場中的參與者背道而馳，這種做法難免會導致操

盤績效表現不佳：經驗顯示，大型企業都不樂於採取過度特異獨行的做法。

　　投資大師基本上都是逆向操作投資人，比方說巴菲特、坦伯頓與索羅斯等人，這些人都在自己能夠做主的環境中工作，不受企業約束或是管理委員會的箝制，這件事並非偶然。這也是最佳基金經理人最後往往選擇自行成立基金管理公司或顧問公司的原因。

　　波頓多年下來的優異表現，或許跟他效力的富達公司致力於提供基金經理人最完整的支援有關，不僅如此，身為富達在倫敦最早聘用的基金經理人，波頓也影響了富達過去二十五年來在英國的投資風格與方式。因此，波頓比較能夠拒絕離職自行創業的誘惑。

　　我們不得不承認，積極型的基金管理有點像職業高爾夫球賽——表現平平的選手可以賺到不錯的收入，但是一舉提升賽事水準的真正冠軍並不多見。擊敗大盤是一場硬仗，每一位想要榮登績效排行榜首的基金經理人，每天都得跟一些最傑出、受過最好的教育、受到高度激勵的專家一較長短。需要具備罕見的天分，才能在這一行中維持優

---

3　特雷恩是《當代投資大師》（*Money Master of Our Time*）一書的作者。

勢，對於某些人來說，這項挑戰令人難以抗拒。

　　雖然波頓是個謙虛且沒有架子的人，他顯然具備了追尋自己的反向投資風格的理想性格：專注、冷靜、思慮縝密，甚至有些固執。年復一年持續採取不同於業界裡其他人的想法，這需要勇氣與決心。

　　如同知名作家約翰‧特雷恩（John Train）（註3）在他針對當代成功投資專家進行的研究中所說的：「專業投資人雖然可能因為一次漂亮的出擊而一夕致富，專業基金管理這一行不能靠運氣，就像西洋棋比賽。這是一項講求技巧的工作，每星期要做出許多決定。年復一年管理大型基金的經理人，無法靠運氣或是意外贏得西洋棋的選手一樣，累積出輝煌的紀錄。」

　　波頓就是這樣的人物。波頓本人承認，在未來的幾年內，他的表現有可能不如過往。果真如此，這也不讓人意外，尤其是近來某些特定的市場條件開始出現逆轉，比方說，中小型類股大行其道。

　　但是，由於波頓的選股紀錄輝煌，即使未來再度經歷一場像1990年的惡夢——他的基金在一年內暴跌了40%，整體股市的跌幅只有一半——對於持有基金超過五年以上的投資人來說，他們的報酬率還是會高過整體股市好幾個

百分點。基金管理是非常嚴苛的行業，你的能力只能以近期績效為代表，即使如此，只有外行人才會認為，在波頓面臨退休之時，他所建立的當代最傑出選股者的名聲會受到撼動。

## 給投資人的忠告

我們可以安全地推論，很少有基金像推銷人員說的那麼好。學術研究、主管機關對不實廣告的取締，加上整體產業績效數據的公開，揭開了一度圍繞在「明星」基金經理人身邊的神祕面紗。

如同我們已經知道的，不管時間長短，大多數積極管理的基金都無法打敗股市平均指數；能夠打敗指數的基金，經常是因為承擔的風險比整體股市要高，才能有這樣的成果。這些額外的風險最後往往會造成惡果，進而暴露出這種做法的缺點。在大多數的個案當中，購買積極管理型基金的投資人，不如投資一檔便宜而有效率的指數追蹤

---

4　在針對基金績效進行的研究當中，少數幾個在統計上具有意義的例外是，表現極差的基金未來持續令人失望的機率，稍稍大過根據擲骰子而進行投資可能表現欠佳的機率。

基金，省下投資積極管理型基金所要付出的高額費用。

實際上，儘管有複雜的風險與績效分析系統出現，還是很少有證據顯示，多數人是以一種特別明智的方式在投資基金。根據產業的數據顯示，個別基金的銷售量，往往跟最近的績效排行榜有著緊密的連結。在前一年或前三年當中報酬率最高的基金，通常就是大多數投資人喜歡購買的基金，也是多數投資顧問喜歡推薦的標的，但是這一點較不值得讚揚。

儘管政府主管機關與學術界不斷提出警告，沒有可以令人信服的證據顯示，基金過去的績效可以年復一年持續下去。大多數研究顯示，基金未來的表現大多跟過去的績效無關；過去優異表現持續到未來的機率，不會不同於你認定未來績效是隨機結果的機率[註4]。換句話說，你還不如擲骰子來決定要購買哪一檔基金。

富達特別情況基金顯然可以強力主張，額外收取的積極管理費用值回票價。看中波頓強勁的操盤績效而投資該基金的投資人，如果持有該基金數年的時間，將不會感到失望；在1980年到2003年之間，不管投資人在哪一年購買基金，在接下來的七年期間，該基金創造的報酬率都超過整體股市。

　　因此，從富達特別情況基金的歷史中，我們獲致的第一個，也是不言而喻的教訓是，的確有些積極管理的基金值得投資人的支持。即使找到一檔始終可以打敗大盤的基金的機率並不高，投資人希望自己買進的基金能像波頓的基金一樣，能在接下來的十年內創造出相當於整體股市四倍的報酬率，這並非不合理的期望。

　　其次，投資人千萬要記住，像富達特別情況基金這樣的基金是例外而非常態。雖然該基金的紀錄跟英國單位信託基金產業裡的所有基金一樣出色──如果沒有更出色的話──投資人必須面對的真正問題在於：他們是否真的能夠事先認出這些贏家基金？如果可以的話，該如何著手進行才是上策（有些基金經理人操盤避險基金或是私募資金的績效十分卓越，但其表現無法直接加以比較，相關數據也並非那麼容易取得與分析）。

　　這將我們帶領到另一個結論：找尋績效優越的基金的祕訣，在於針對基金經理人的操盤方式與人格特質進行深入研究。參考過去的績效數字還不足夠；許多評鑑機構會

5　下列兩件事情可以做為證明：富達是積極管理的主要支持者，該公司目前提供客戶幾種指數型基金的選擇，而提供指數基金的先鋒（Vanguard）公司，目前也提供多檔積極管理型的基金。

根據績效與某些質化的評估標準對基金進行評比，但這些評比結果是不夠的。

波頓贏得這麼多財務顧問的支持的原因之一在於，他花了二十五年的時間，對所有願意聽他說明的人，詳盡解釋他所做的事情。他的操作方式背後的邏輯，獨特的正直人格，加上他的操盤紀錄，都是讓他夠贏得竭誠支持的原因。

第三項結論是，有關積極型或消極型管理的基金孰優孰劣，頂多只是一種轉移注意力的做法而已。消極管理的指數型基金的興起，無疑是投資界過去三十年來最重要的一件事情，但事實是，這兩種類型的基金──積極管理與消極管理──在投資人的投資工具中都應有一定的地位。兩種投資方式沒有孰優孰劣的問題（註5）。

兩種基金目前都十分流行，也讓投資人能夠有更多選擇。在替客戶建構投資組合的時候，專業投資機構越來越常採用的混合式的操作方式是，以低成本指數型基金為投資主軸，再輔以精心挑選的積極管理型基金。如果願意的話，個別投資人也可以善加利用這種投資方式。

波頓不只一次指出，購買指數型基金這種做法有其風險。當市場的多頭氣勢銳不可擋之時，比方說在多頭市場

的最後階段，指數型基金有可能因為自我強化的過程，被炒作到岌岌可危的高檔行情——這些基金會因為股價上漲而買進股票。在這種行情之中，股價跟基本價值的連結更加鬆動，未來表現令人失望的風險因此升高。

有些時候，情形正好相反。有些時候，波頓採用的反向、價值投資的操作手法也會成為最受歡迎的方式，如此一來，投資波頓基金的理由便較不具說服力。之前提過，投資該基金的最佳時機，出現在該基金的表現相對欠佳的時候（像是 1992 年或 1998 年），而不是該基金表現異常出色之時。

更進一步的觀察是，仔細檢視你考慮投資的基金之風險特性，這種做法有其意義。對於不經心的觀察者來說，分析投資風險這項工作，比乍看之下來得複雜，牽涉到更多面向。歷史波動率是投資風險的標準評估工具，雖然有用卻不夠精確。

專業基金分析師目前使用的統計工具，像是 r 平方值與資訊比率等，都是投資人可以運用的有效工具。但是這些工具只能掌握投資人面臨的部分風險。投資人需要仔細檢視基金在各種不同的市場週期當中的表現，以及其他許多因素，比方說，自己所選擇的基金經理人的人品如何。

最後要提的一點是，金融市場是競爭激烈且嚴苛的環境，不容易取得歷久不衰的優勢。波頓過去二十五年來的成就給予投資人的真正教訓在於，想要擊敗大盤雖然是值得讚揚的雄心壯志，卻不是金融界的從業人員想像中的那般容易。

波頓對這項任務付出二十五年的光陰，並借助了全球最大的獨立投資管理公司豐富的資源與經驗，在同業中建立無人能及的響亮聲譽。然而，波頓卻最先承認，不管獲致何等成就，投資人最重要的美德是謙虛。不管在事後看來是多麼明顯的一件事情，波頓從不認為自己的成功是必然的結果。波頓的看法，可以與過往的投資大師們相互輝映。

# 附　錄

# 附錄一 富達特別情況基金：25年的輝煌紀錄

## ① 邁杜格的研究報告

### 導論

在這部分當中，我們將以自己的觀點做為評估工具，分析富達特別情況基金的績效特性。自從1979年正式推出以來，該基金一直是由波頓負責管理。

接著，我們將評估該基金相對於同性質基金（隸屬英國全企業區域之基金）以及金融時報全股指數（英國股市的大盤指數）的表現，以評斷該基金的績效水準，以及該基金何以創造如此傲人的成績。

### 該基金之屬性

富達提過，富達特別情況基金的管理方式，比該公司其他英國基金更加積極，投資目標訂在提供投資人長期資本成長。波頓是一位選股型的投資人，比較不注重主題式的投資方式。該基金基本上偏好投資中小型類股，目前的價值約為35億英鎊，大約持有190檔股票。

**風險有多高？**

投資股票會讓投資人面臨市場風險。接下來必須做的決定是，要承擔多少積極風險？不願意承擔積極風險的投資人會投資追蹤基金（tracker fund），並根據自己對市場的定義，選擇要投資哪種類型的追蹤基金。其他投資人則會選擇程度不同的積極風險；基金的操盤手法越積極，其面臨的積極風險便越高。

很明顯的，一旦選擇積極型基金經理人，投資人便應找尋真正積極管理的基金，而不是所謂的封閉式指數化管理（closet indexing）基金，也就是基金經理人的投資內容只是稍微不同於市場指數，卻收取積極管理的費用。

由於富達將特別情況基金定義為「積極管理型」基金，該基金多年下來的風險究竟有多高？

我們可以透過基金的絕對波動率評估其市場風險；絕對波動率的定義是報酬率的標準差。圖一顯示的是，自從推出之後，特別情況基金跟同業基金的連續三年期絕對波動率。黑線代表特別情況基金，同業基金的數據以淺灰色區域做為代表。深灰色區域涵蓋了絕對風險的中間50%的區域。淺灰色區域涵蓋了同業基金的絕對風險之第五到第九十五百分比區域。將黑線與灰色區域兩相比較，我們便

**圖一** 英國全企業區域基金的連續三年期絕對風險範圍

黑線＝富達特別情況基金
灰色區域＝同性質基金之表現

可以了解該基金相對於同業基金所承擔的風險。

　　特別情況基金在早期時，絕對風險比較高，除此之外，該基金的絕對風險大致上一直跟隸屬標準普爾全企業區域的同性質基金相去不遠。

　　不過，從積極風險的角度來看，結果便截然不同。圖二顯示的積極風險之定義為，隸屬標準普爾全企業區域（S&P All Companies Sector）的同性質基金的相對報酬率標準差。所有基金的報酬率皆已跟金融時報全股指數進行過比較，以提供相對結果。

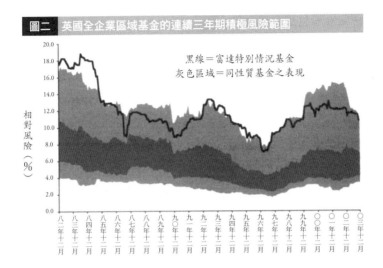

圖二　英國全企業區域基金的連續三年期積極風險範圍

黑線＝富達特別情況基金
灰色區域＝同性質基金之表現

相對風險（％）

　　在富達特別情況基金推出之後，該基金相對於股市指數所承擔的風險，幾乎始終高於其他同性質的基金。自從1980年代起，該基金的平均三年期積極風險一直是11.9％。因此，特別情況基金的管理基礎，明顯不同於大多數同性質的基金。根據定義，一檔以金融時報全股指數為追蹤標的的基金，其所承擔的積極風險會接近零。因此，投資人會期待特別情況基金表現得非常不同（報酬更好或更壞），相對於大多數同性質基金或是整體股市。

### 該基金如何進行投資？

在說明特別情況基金迥異於大多數同性質基金之後，我們以報酬率為基礎進行分析，更進一步了解波頓的長期投資方式。請記住，富達將特別情況基金描述為採用由下而上的操作方式，偏重投資於英國中小型類股的基金。

針對報酬率的分析，利用多重迴歸分析，替信託基金的投資內容提供了強而有力的指標。因此，這種分析提供了一項基礎，讓我們可以了解基金經理人是否言行一致。這項方法將一些最能代表該基金報酬率的指數報酬率加以組合，藉此針對該基金績效的來源進行分析。

換句話說，這項分析的做法是，以整體股市的某些次級指數的加權平均報酬率，做為該基金績效的代表。在以下的分析當中，我們將從兩個層面考慮基金的投資風格，並且利用分布圖加以說明。

在以下的分布圖當中，縱軸代表的是投資於成長股或是價值股的部位。橫軸代表的是基金投資內容偏向或偏離金融時報百種股價指數的程度。出現在下一頁的分布圖採用的是1995年至2003年之間九年的數據——《金融時報》於1995年推出包含FTSE100、FTSE250上市公司所組成的FTSE350指數，做為成長型與價值型投資之代表。以特

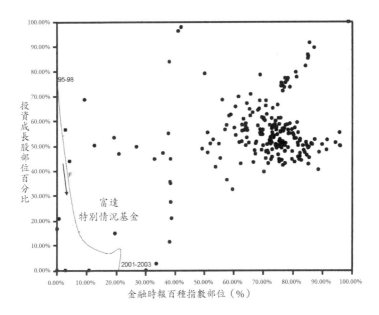

圖三　英國全企業區域之基金的分布圖（1995-2003）

別情況基金的小型持股而言，能讓我們推論出其價值／成
長投資偏好的指數並不存在，但是上述兩項指數卻能讓我
們推論出該基金的中大型持股的投資偏好。

　　我們利用以上的九年紀錄創造出七個三年期期間，並
利用其「痕跡」追蹤這些三年期的投資風格，以說明富達

特別情況基金多年來的演變。在此期間，該基金從少量投資金融時報百種指數成分股的成長型投資偏好，轉變為比較偏重價值型投資，並且有 20% 到 25% 的資金投資於大型股（註1）。

　　上圖中的黑點代表富達特別情況基金的三十五支歷時最久的競爭基金。為了便於說明，本圖並未包括同性質基金的表現，但是，有兩個層面值得注意：

- 這些黑點的群聚現象說明了，其中許多基金的風格比富達特別情況基金來得一致。
- 大多數同性質基金的風格，偏重於廣泛投資於大型類股，輔以平衡投資於成長／價值型類股——換句話說，這些基金看起來跟股市大盤相當接近。相形之下，富達的基金看起來跟大盤完全不同。

　　為了增加同性質基金的數量，我們重複繪製了一張分布圖（圖四），但是只選用了最近三年的數據。因此，這項分析是將富達特別情況基金跟二百二十檔同性質基金相

---

1　波頓對於成長投資偏好的說明存疑，他認為該項說明並不正確。

互比較。我們可以從中指認出一些投資偏好跟特別情況基
金類似的基金，但是整體而言，許多基金依然維持著廣泛
投資於股市大盤的風格──「封閉型指數基金」便隱藏在
分布圖當中的這個區塊──這對積極型投資人而言並不是
具有吸引力的跡象。

　　此種分析有其用處，堅持某種投資風格的基金，非常

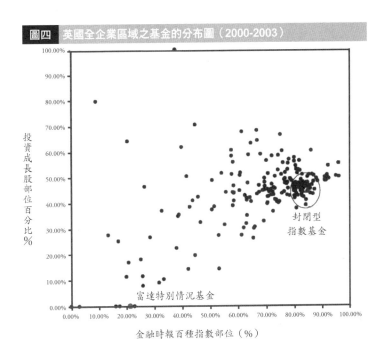

**圖四**　英國全企業區域之基金的分布圖（2000-2003）

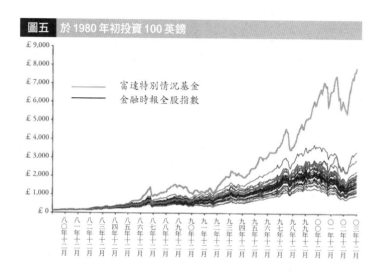

**圖五** 於 1980 年初投資 100 英鎊

富達特別情況基金
金融時報全股指數

不可能創造出始終如一的成績。始終領先大盤的表現，可說是積極管理型基金追尋的聖杯。只有能夠隨市場狀況的變化而做出適當反應的投資人，才可能締造出始終如一的出色績效。

### 報酬率

我們認為，基於富達特別情況基金的投資偏好，以及該基金多年來高度積極管理的做法，相對於英國的股票市場，富達特別情況基金是風險最高的基金之一。該基金承

圖六　富達特別情況基金相對於金融時報全股指數之年度報酬率

擔風險的目的，是要替投資人創造出遠遠高過消極投資或是其他積極管理型基金的長期資本成長。富達特別情況基金究竟有多成功？

　　圖五顯示，在該基金推出之初便投資的 100 英鎊隨後的增值情形。我們也比較了在金融時報全股指數，以及與該基金長期競爭的（三十五檔）同性質基金所進行的同金額投資的價值。

　　富達特別情況基金的投資成果令人刮目相看。截至2003 年底，最初投資的 100 英鎊將會增值到 7,500 英鎊，

相當於每年 19.9% 的報酬率。相形之下，大盤的年度報酬率為 13.5%。圖中大多數同性質基金的表現均落後大盤。

當然，累計的績效數據可能會造成嚴重的扭曲效果，而由於出色表現的出現年份並不連貫，這些數字可以讓基金經理人（以及不夠審慎的個人財務顧問）宣稱，自己在一年、三年、五年與十年期內，締造出排名前 25% 的績效。

評估年度與連續期間的績效，可以確保上述年份中的「突出表現」不會扭曲基金的績效紀錄，還能讓我們進一步確認該基金的績效趨勢（或是循環）。圖六顯示富達特別情況基金於 1980 年至 2003 年之間，相對於金融時報全股指數的年度報酬率。

在圖六顯示的二十四年當中，該基金有十七年的時間表現超越大盤。我們在稍早的時候曾經說過，基於該基金的風險內容，投資人會期待基金展現出與大盤截然不同的表現。圖顯現出此一現象；在其中的十六年當中，該基金領先或落後大盤的幅度均超過 10%。

圖七顯示的是該基金連續三年期的績效，同樣也是以金融時報全股指數以及其他同性質基金的績效為比較對象。

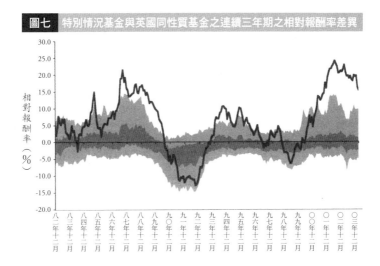

圖七　特別情況基金與英國同性質基金之連續三年期之相對報酬率差異

富達特別情況基金的表現始終維持在高檔。在大多數
近期的期間內，該基金的相對績效尤其亮麗（包括空頭市
場）。唯一一次表現明顯欠佳的期間出現在1990年代初
期。

### 一貫性與風險調整績效

績效的一貫性，是基金積極管理的關鍵成功要素。投
資於具有強烈風格偏好的基金，投資的績效可能出現週期
循環的現象，而且往往會自然而然地（但是在我們看來是

表一　特別情況基金績效之一貫性（三年期期間）

| 時間 | 排名位於第幾個四分位區塊 | 排名／總基金數 | 時間 | 資訊比率 |
|------|------|------|------|------|
| 1980-82 | 1 | 5 / 58 | 1980-82 | 0.27 |
| 1983-85 | 1 | 8 / 58 | 1983-85 | 0.33 |
| 1986-88 | 1 | 1 / 94 | 1986-88 | 1.42 |
| 1989-91 | 4 | 87 / 94 | 1989-91 | -1.15 |
| 1992-94 | 1 | 3 / 154 | 1992-94 | 0.82 |
| 1995-97 | 1 | 12 / 154 | 1995-97 | 0.25 |
| 1998-00 | 1 | 10 / 128 | 1998-00 | 0.71 |
| 2001-03 | 1 | 2 / 128 | 2001-03 | 1.40 |

資料來源：WM Company

誤導）試圖選擇時機進行基金之間的轉換。

　　如表一所示，富達特別情況基金的表現一直非常穩定，除了1989到1991年這一段三年期期間之外，該基金的排名皆在前25%。

　　我們已經說明，富達特別情況基金相對而言風險較高，但是該基金承擔風險的做法，卻有始終如一的優異表現做為回報。我們可以利用資訊比率這項單一的績效評估工具，組合計算出該基金相對於大盤的報酬率與風險。這種做法可以評估積極管理所提供的附加價值之品質，其計算方式為：將基金高出／低於金融時報全股指數之報酬

率，除以基金的積極風險。因此，資訊比率為1.0者，意味著每10%的積極風險，可以轉換成10%的額外報酬率。

　　資訊比率往往被視為一項評估基金經理人技巧的工具，因為這項數字評估的，是積極風險可以轉換成額外報酬率的幅度。資訊比率越高，基金經理人的技巧便越高明。表一還顯示了富達特別情況基金在各個三年期期間的資訊比率。

　　如表一顯示，該基金在各期間的資訊比率變化相當大。為了了解表中各個資訊比率數值的背景，我們應該注意下列各點：

- 在扣除成本之後，市場中一般專業管理基金的資訊比率都是負數，因為整體而言，基金經理人只能達到股市指數的績效，再由其中扣除管理費用。
- 對近期表現出色的法人投資機構而言，0.5的資訊比率就會讓他們心滿意足地。

### 結論

　　自從特別情況基金推出之後，身為該基金經理人的波頓，透過迥然不同於大多數同性質基金的高度積極管理的

投資方式，締造出非常重大且始終如一的超前表現。這是一項令人折服的成就，該基金目前的資金規模超過35億英鎊，持股內容將近200檔股票。

　　未來將會出現兩項障礙，不利於波頓持續保持卓越績效。首先，隨著基金規模日趨龐大，如此的超前表現是否能夠持續，尤其是如果該基金持續將投資主力集中在英國股票？其次，由於該基金跟波頓的相關性如此密切，波頓的繼任者維持同樣績效水準的可能性有多高？

## ② 嘉德豪斯的研究報告

**我們的整體做法**

　　我們的做法是，以許多不同的風格指數為基礎，評估所有我們考慮要投資，或是建議客戶進行投資的基金之績效。我們採用的是本公司自行開發的一項電腦程式，我們發現，這項程式是一項珍貴的工具，可以分辨哪些經理人是因為自己的投資風格正好奏效，造成其操盤的基金表現出色，哪些經理人則是透過自己高人一等的選股功力，真正替自己操盤的基金增添價值。

　　兩種類型的基金都有其用處存在──始終遵循某種投資風格的基金，有時候或許很具價值──但是，我們真正有興趣的，是找尋擁有經過驗證且歷久不衰的選股能力的基金經理人，因為這種投資經理人都是罕見的人才。

　　對於隸屬於英國全企業區域的其他同性質基金，我們檢視了金融時報全股指數的資本報酬率，以及一些同性質指數的類似的單月數據。這項做法可以告訴我們，特別情況基金根據某些著名的投資風格因素所進行的投資，像是市值以及「價值」相對於「成長」（以後者而言，我們以高、低報酬股票的相對表現做為代表），該基金的預期報

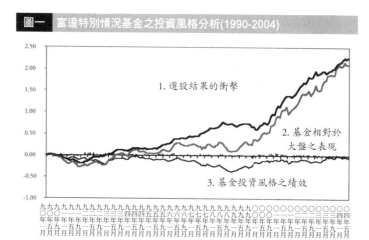

**圖一　富達特別情況基金之投資風格分析(1990-2004)**

酬率是多少。我們接著檢視，相較於富達特別情況基金基於這些風格因素而預期應有的報酬率，該基金的實際報酬率表現如何。這兩組數據之間的差異，約略可以歸功於基金經理人的選股功力。

　　在計算任何一支基金的選股成效時，我們的做法是，先計算出預期月報酬率與實際月報酬率兩者之間的差異，再以這項數值進行長期的複利計算。由於相關的數據直到1986年才開始出現，我們無法回溯分析該基金於1979年推出之初的績效。我們的分析的起始日期是1990年，如此一來，我們便有金融時報全股指數與成長指數兩者四年的

數據可以使用。

### 圖形透露的訊息

　　圖一至圖三總結的是，相對於我們的電腦程式所發展的兩項投資風格基準，特別情況基金的表現如何。第一個基準簡單地以「投資風格」為名，其比較的內容是，根據一些風格與投資規模因素，比較該基金相對於某股市指數的實際績效。第二個簡稱為「投資規模」的基準所評量的是，完全以規模（市值）而言，該基金的績效表現如何。

　　在圖一與圖二當中，圖形底下的線條追蹤的是，相較於以金融時報全股指數為代表的整體股市，根據富達特別情況基金的投資風格與各投資部位的規模，該基金的預期報酬率會是多少。當這條線下降的時候，意味著該種投資風格的表現落後大盤。當這條線上升的時候，情形則正好相反。另外兩條線代表的是富達特別情況基金超越大盤的累積表現，以及波頓的選股能力對如此超前表現所做出的貢獻。我們可以看到，在這兩種情形之下，該基金自1990年起超越大盤的優異表現，（幾乎）可以全數歸功於波頓選股成功的結果。

　　讓我們首先討論投資分布圖，該圖顯示出，自從1990

圖二　富達特別情況基金之投資規模分析(1990-2004)

1. 選股結果的衝擊

2. 該基金相對於
　　大盤之表現

3. 基金投資風格之績效

年代開始，特別情況基金偏重於價值股與中、小型類股的投資風格的成效如何。在1990至1992年期間，特別情況基金的投資風格大多不利於其投資績效（該段期間十分不利於小型類股的表現），同樣情形發生在1996至1999年期間（大型股與成長股非常搶手）。在其他時間裡，尤其是1999年以後，特別情況基金的投資風格往往有利於其投資績效。

　　但是，1990年至2004年的這段期間，大部分的投資風格效應卻相互抵銷。換句話說，在這十四年期間，一位沒有展現出絲毫選股功力，只採取這種投資風格的基金經

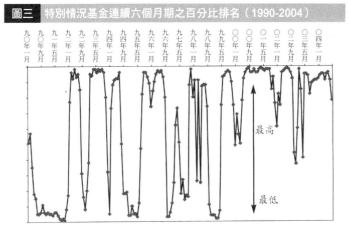

理人，其投資績效將會跟金融時報全股指數一致。事實上，在這段期間之內，特別情況基金的表現顯然比該指數出色許多，顯示出波頓的選股功力在特別情況基金的績效中扮演重要角色。

　　探討投資規模的圖形也出現類似結果。根據圖二顯示，中小型類股在1999年之前越來越不受到市場的青睞，之後卻強勁反彈。在圖形的早期階段，特別情況基金投資小型類股的部位特別高。中型股自從1993年之後扮演比較重要的角色。

　　今天，特別情況基金有超過70%的部位投資於中型類

股，這或許跟該基金近幾年來規模巨幅成長有關。特別情況基金的投資規模，難免在1990年代晚期拖累其表現，因為當時大行其道的是大型類股。

優異的選股能力，稍微緩和了這樣的情形。自從1999年起，市場投資風格的轉變，加上波頓持續展現的選股功力，造就了特別情況基金大幅超越市場的表現。我們可以再度看到，純粹只從投資風格的角度來看，該基金在這段期間內的績效原本應該跟指數一致。該基金的實際表現大幅超越股市大盤，可以歸功於波頓高超的選股功力。

另一個與基金績效有關的有趣層面在於，該基金的表現相對於同性質基金的一貫性。圖三總結了自從1990年1月起，該基金的連續六個月績效的百分比排名。在此基礎之下，特別情況基金在一開始時將近有一年的時間，幾乎是同性質基金當中表現最差的一支基金。在此之後，相較於其他同性質的基金，特別情況基金的表現幾度大起大落，一直到1998年底為止。自此以後，該基金的表現，一直穩定地排名在同類型基金的榜首位置。

根據我們的數據顯示，在我們研究涵蓋的月份當中，波頓的選股成績有71%的時間都大於零。根據我們的經驗顯示，有60%的時間，選股所造成的正報酬率不容小覷。

在研究涵蓋的月份當中，有四分之一的時間，選股結果對特別情況基金的單月績效貢獻了超過 2% 的報酬率，只有在二十分之一的時間裡，其對報酬率所造成的負面衝擊超過 2%。換句話說，波頓的選股功力不僅締造出始終如一的出色成果，結果令人錯愕的次數也不多。

　　從這兩種角度來看，該基金的紀錄明顯讓大多數同性質的基金相形見絀。波頓因選股所創造出來的單月淨報酬率維持在 1.66%；這項淨報酬率是我們評量基金經理人每個月如何透過選股功力替基金增添價值的方式。我們認為，超過 0.5% 以上的數值便算是重大的成就。以複利計算下來，特別情況基金所締造的 1.66% 單月淨報酬率相當於每年 20% 的淨報酬率，在同性質的基金當中再度領先群倫。

### 結論

　　如同大多數基金一樣，富達特別情況基金的風格並未改變太多。帶動該基金績效的因素在於波頓選股的成功，而不是他的投資風格。儘管波頓是如此偉大的投資人，他並不比其他人更能夠正確預估出投資風格的改變，也就是價值型投資何時會取代成長型投資，或是中小型類股的表

現何時會勝過大型類股。

　　根據我們的量化分析顯示，自從1990年代開始，波頓在選對投資標的這方面的表現一直相當令人佩服。在本書探討的時期當中，波頓因選股正確，創造出始終如一的報酬率，其持久性與幅度無人能敵。

# 附錄二　波頓歷年十大持股

| 1981 | % | 1982 | % | 1983 | % |
|------|-----|------|-----|------|-----|
| Pleasurama | 4.5 | ICL | 7.4 | Pleasurama | 6.0 |
| Westland | 3.7 | Petrocon | 5.9 | ICL | 5.9 |
| Barker & Dobson | 3.4 | Moben | 5.7 | Moben | 4.6 |
| British Land | 3.3 | Pleasurama | 5.0 | Woolworth | 4.5 |
| Norgas | 3.2 | London & Liverpool Trust | 4.7 | Manchester Ship Canal | 4.4 |
| Town & City | 3.2 | Graig Shipping | 3.6 | Blackwood Hodge | 4.1 |
| Tunnel Holdings | 3.1 | L Ryan | 3.5 | CASE | 3.8 |
| Bowater | 2.9 | Standard Ind | 3.3 | FNFC | 3.6 |
| Reardon Smith | 2.8 | Hampton Trust | 3.3 | Lee Cooper | 3.4 |
| Moben | 2.6 | Barker & Dobson | 3.0 | L Ryan | 3.2 |

| 1984 | % | 1985 | % | 1986 | % |
|------|-----|------|-----|------|-----|
| Bell Resources Opts | 5.2 | British Telecom | 5.3 | Montedison | 4.7 |
| Trident TV | 4.7 | Grattan | 4.7 | FNFC | 4.0 |
| Mersey Docks | 4.3 | Avon Rubber | 4.4 | Bernard Matthews | 3.8 |
| Armstrong Equipment | 4.0 | Hestair | 4.4 | Hestair | 3.8 |
| Lee Cooper | 3.9 | Actinor | 4.2 | Lucas | 3.8 |
| Norgas | 3.9 | FNFC | 4.2 | Johnson Firth Brown | 3.8 |
| L Texas Pet | 3.5 | Lucas Industries | 3.2 | Raybeck | 3.3 |
| Tozer Kemsley | 3.3 | Ganger Rolf | 3.0 | Hewden-Stuart | 3.1 |
| Vitatron | 3.2 | Lee Cooper | 2.7 | Grattan | 2.8 |
| FNFC | 3.0 | Hogg Robinson | 2.7 | Aurora | 2.6 |

| 1987 | % | 1988 | % | 1989 | % |
|------|-----|------|-----|------|-----|
| VSEL | 3.9 | Hafslund | 4.0 | Security Services/ Securicor | 6.4 |
| Chloride | 3.6 | Mersey Docks | 3.8 | Magnet | 3.5 |
| Security Services | 3.5 | Security Services/ Securicor | 3.6 | British Aerospace | 3.5 |
| Polly Peck | 3.5 | Torras Hostench | 3.3 | Lloyds Bank | 3.3 |
| Magnet & Southerns | 3.2 | Atlantic Computers | 3.2 | LWT | 3.2 |
| Apricot Computers | 3.2 | Rothmans | 3.2 | TV-am | 2.6 |
| Thames TV | 3.0 | Polly Peck | 3.1 | Ultramar | 2.4 |
| Hawley Group | 3.0 | Magnet | 2.9 | Polly Peck | 2.3 |
| Hestair | 2.5 | Midland Bank | 2.8 | VSEL | 2.2 |
| Debron Investments | 2.5 | Ultramar | 2.7 | Elkem | 2.1 |

| 1990 | % | 1991 | % | 1992 | % |
|---|---|---|---|---|---|
| Security Services/ Securicor | 4.6 | Colonia | 4.6 | Granada | 3.8 |
| Abbey National | 4.0 | Abbey National | 3.8 | Wickes | 3.6 |
| Ashley Group | 2.7 | Ashley Group | 3.4 | BAA | 3.6 |
| Ultramar | 2.6 | De La Rue | 3.0 | Security Services/ Securicor | 3.3 |
| Colonia | 2.6 | Rothmans | 2.7 | St James's Place | 3.0 |
| Parkfield | 2.5 | Telefonos de Mexico | 2.5 | Midland Bank | 2.9 |
| Lloyds Bank | 2.3 | VSEL | 2.2 | Wessex Water | 2.8 |
| Telefonos de Mexico | 2.1 | Eurotunnel | 2.1 | Scottish TV | 2.6 |
| Rothmans | 2.1 | Suter | 2.1 | LWT | 2.5 |
| Barclays Bank | 2.1 | Western Company of North America | 1.9 | Central TV | 2.5 |

| 1993 | % | 1994 | % | 1995 | % |
|---|---|---|---|---|---|
| Security Services/ Securicor | 5.7 | Security Services/ Securicor | 5.6 | Security Services/ Securicor | 5.4 |
| News International | 3.6 | Wickes | 3.0 | London International Group | 3.1 |
| Wessex Water | 3.5 | WPP | 2.8 | FNFC | 2.7 |
| Wickes | 3.4 | Mirror Group Newspapers | 2.7 | Wickes | 2.5 |
| Oriflame International | 3.2 | News International | 2.6 | Tesco | 2.4 |
| Burton | 3.1 | FNFC | 2.5 | News International | 2.4 |
| VSEL | 3.1 | Anglia TV | 2.3 | London Clubs International | 2.4 |
| Biochem Pharmaceutical | 3.1 | Crockfords | 2.3 | Berisford International | 2.3 |
| WPP | 3.0 | ACT | 2.2 | Biochem Pharmaceutical | 2.2 |
| St James's Place Capital | 3.0 | Tesco | 2.2 | WPP Group | 2.1 |

| 1996 | % | 1997 | % | 1998 | % |
|---|---|---|---|---|---|
| Security Services/ Securicor | 4.5 | LIMIT | 2.7 | LIMIT | 3.2 |
| Wickes | 3.8 | Berisford | 2.4 | Berisford | 3.1 |
| T&N | 2.6 | Misys | 2.2 | Oriflame International | 2.6 |
| London Clubs International | 2.4 | Wembley | 2.1 | Somerfield | 2.6 |
| News International | 2.4 | Man ED & F | 2.1 | Man ED & F | 2.5 |
| Oriflame International | 2.3 | Micro Focus | 2.0 | Micro Focus | 2.4 |
| Misys | 2.3 | Oriflame International | 1.9 | Misys | 2.1 |
| Psion | 2.2 | T&N | 1.9 | Wembley | 1.7 |
| Berisford | 2.1 | APV | 1.7 | De La Rue | 1.7 |
| Mirror Group Newspapers | 2.0 | WPP | 1.6 | Hazlewood Foods | 1.5 |

| 1999 | % | 2000 | % | 2001 | % |
|---|---|---|---|---|---|
| Berisford | 3.2 | Celltech Chiroscience | 2.0 | Bank of Ireland | 2.7 |
| LIMIT | 2.9 | Johnson Matthey | 2.0 | Reed International | 2.1 |
| Man ED & F | 2.4 | LIMIT | 1.9 | BAA | 2.1 |
| De La Rue | 2.4 | Cadiz | 1.7 | Gallaher | 2.0 |
| Reuters | 2.3 | Berisford | 1.7 | British Energy | 2.0 |
| Iceland Group | 2.2 | Safeway | 1.7 | Safeway | 1.9 |
| Wembley | 1.9 | De La Rue | 1.6 | Novar | 1.9 |
| Hogg Robinson | 1.8 | Autonomy | 1.6 | Royal & Sun Alliance | 1.9 |
| Kewill Systems | 1.7 | Wembley | 1.6 | Carillion | 1.8 |
| London Clubs Int | 1.6 | Booker | 1.6 | Garban-Intercapital | 1.8 |

| 2002 | % | 2003 | % |
|---|---|---|---|
| Bank of Ireland | 2.1 | Safeway | 4.3 |
| Unilever | 2.0 | Amlin | 2.4 |
| Safeway | 1.9 | MMO2 | 2.3 |
| Credit Lyonnais | 1.9 | Unilever | 2.2 |
| Enterprise Oil | 1.9 | Wellington Underwriting | 1.8 |
| Wimpey George | 1.9 | Cable & Wireless | 1.7 |
| London Stock Exchange | 1.9 | SSL International | 1.6 |
| Gallaher | 1.9 | Provident Financial | 1.6 |
| Carlton | 1.8 | Somerfield | 1.6 |
| British Energy | 1.6 | Prudential | 1.5 |

**附註：**

1. %：佔基金資產之百分比

2. 評價日期：
   1981 年　5 月 1 日
   1982 年　9 月 5 日
   1983 年　3 月 14 日
   1984 年　3 月 5 日
   1985 年　3 月 12 日
   1986 年　3 月 21 日
   1987 年　3 月 23 日
   1988-1998 年　3 月 5 日
   1999-2003 年　2 月 28 日

## 附錄三　富達與投資標的企業之關係

波頓於 2004 年 7 月接受探討歐洲投資人關係的《Real IR》雜誌的專訪，討論了富達與投資標的企業之間的互動方式，並針對當前一些企業監督的議題提出看法。該篇文章的內容係由《Real IR》雜誌的出版社 Caspian Publishing 授權本書在此轉載（如需進一步資料，請逕洽該公司網站 http://www.realir.net）。

### 與標的企業會面

我們跟標的企業之間的主要關係，是跟其高階經營團隊進行一對一的會談。我們的泛歐陸團隊去年舉行了 2,600 場例行會議。我不認為其他的公司會像我們一樣，跟標的企業保持如此密切的關係，我們也樂於相信，我們對於企業資訊的嚴格要求，出自公平與專業的考量。除了這些例行會議之外，我們還跟標的企業舉行了大約 120 場有關企業監督的會議。這些會議的對象通常是企業的董事長、獨立董事或是顧問。

這些會議可以分為兩類。大多數會議是標的企業或是其財務顧問提議舉行的。另一種會議是由我們或是第三方

提議舉行的。出現第一種會議的情形通常是，企業在考慮制定一項將影響公司營運方向的重大決策，而身為大股東的我們希望能就此決策接受徵詢。我們喜歡參與重大決策的制訂過程。

相關範例包括：與企業的營運方針、重大收購案、董事會大幅改組、獎金與薪酬計畫等相關的策略性決策。只要可能，我們會盡量行使我們的投票權益，當企業即將有所改變的時候，我們希望能夠進行這樣的直接討論。我們覺得，這是負責任的股東的任務。當企業要求我們提供回饋意見，而我們也有話要說的時候——我們未必總是有話要說——我們就會表達我們的意見。

### 尋求改變

第二種會議比較少見，但是比較有可能引起媒體的注意。大多數的時候，我們對於自己投資的企業都感到滿意，但是對於少數一些企業——這些幾乎都是股價表現落後大盤的企業——不同於賣出持股，我們偶而可能採取的做法是，試圖改變目標企業的現狀。一般而言，我們並不會試圖改變企業的營運方式，因此，這是例外而非慣例。以這類情形而言，我們幾乎都是跟其他大股東聯手合作。

我們通常會跟兩、三家跟我們看法相同的大股東進行討論。

　　富達去年大約介入了五十家企業的人事安排，有時候還扮演啟動改變的觸媒角色。這項工作非常耗費時間，因此，你需要有一套基本架構。我們不久前便認定，讓基金經理人花費太多時間處理這種事情並非上策。我們兩年前聘用了一位企業財務處長，負責處理這些事務。他可以在資訊長城（Chinese wall, 譯註：證券公司內部資訊的隔絕機制，用以防止敏感的內線消息外洩）的保護之下，處理一些對股價敏感的資訊，而不會讓富達的名聲受到影響。他會讓富達置身於資訊長城的保護之下，這是他的職責，而不是基金經理人的工作。

### 採取積極作為的理由

　　主要動機是我們的自身利益。由於我們的投資風格，偏重於投資市場中的中型與規模較大的小型類股。我們往往是這類企業的第二大或第三大持股人。進出這些股票可能需要時間而且所費不貲。因此，當我們的某檔持股的股價開始落後大盤，身為大股東的我們認為，某件事情顯然需要改進的時候，我們並不會說，「我們不認同目前的情

況，讓我們賣出這檔股票吧」；我們的態度會是：我們何不採取行動來改變現況呢？我們認為這種做法對所有股東都好。在此同時，我們的某些法人客戶現在要求我們要更積極一些。我們也覺得，政府跟主管機關會樂於見到，我們這些法人股東採取更主動的作為。

### 有關 ITV 併購

我要說的最重要的一件事情是，葛納達、卡爾敦合併案完全不是我們慣常的做法。首先，我們有99%的行動都是在檯面下暗中進行。我們認為這是最好的做法。我們通常不會跟媒體討論這種議題。只有在 ITV 併購案已經曝光之後，我們才跟媒體討論這件事情。我們的目的是要表達我們對這件事情的看法，以平衡媒體的報導。另一件極不尋常的事情是，整起事件只牽涉到富達的一個人。這完全不是富達的作風。這件事情之所以會曝光，完全是因為某位我們曾經徵詢過意見的人將消息走漏給媒體；我去年夏天還曾經跟他談過話。由於這個緣故，這整起事件才會跟我個人扯上關係。

### 有關企業監督的一般原則

　　我們要說明的是，我們的做法往往是講求實際而非墨守成規。我們不是那種強調「規則是這樣，你必須死守每一條規則」的人。我擔心的是，有些人認為墨守成規比整體考量更加重要。我們非常重視的是，企業的董事長必須維持超然立場，不能由該企業的前任執行長出任。我們認為，不少出現弊端的公司都有這樣的情形存在。我們也喜歡庫藏股制度。例如，如果一家公司即將併購其他企業，我們認為，該公司應該先測試實施庫藏股制度這項選擇。富達在去年發布的一份文件當中，說明了上述以及其他一些原則。

### 在富達介入的個案當中，成功案例有多少？

　　我不認為我可以確實說明，在我們介入的五十家企業當中，最後成功的個案有多少。我認為大多數個案都是成功的，但結果往往不是那麼明確。去年有一家公司向我們說明該公司一項新的獎勵計畫，但我們認為該計畫對相關的高階主管過於優厚。我們向該公司表達我們的意見，該公司接著又接觸了兩、三位法人股東，這些股東也表示類似的看法，該公司最後放棄了該項計畫。這類事情從來不

會曝光。這種事情會受到保密,從我們的角度來看,這是一種理想的處理方式。

我們不會想介入細節性的決定。一定要是相當重要的事情,才會讓我們想要介入。假設某家公司有三項主要的業務,其中之一的報酬率不如其他兩者理想。該公司是否還要繼續從事這項業務?該公司接下來應該進軍法國或是德國?我們在意的不是細節,而是策略性的議題。如果我們認為,某公司一分為二之後的價值,會高過維持單一企業的價值,那麼,我們就會希望進行這樣的討論。

另一個我們曾經介入的例子是:某公司任命的新任執行長提出了一項新的營運計畫,雖然該計畫聽起來大有可為,但兩年之後卻未能開花結果。我們向該公司表明,將公司出售他人會是最明智的做法,該公司後來也從善如流。但並沒有向我們表達感激之意!

**富達會在什麼時候介入這類決定?**

我們認為什麼時候都可以介入。如果你知道標的企業即將提出一項策略性的看法,並且計畫在財報公布的同時宣布,你不會想打草驚蛇。你不會在結果出爐之前貿然出手。我認為,這種會議自然會選在董監事禁止交易股票期

（closed periods）或是結果公布之前舉行。

### 有關高階主管的薪資

我認為政府當中有些人覺得，我們可以評斷高階主管薪資的絕對水準。我認為這件事情難如登天。我們更加重視的，是避免對表現失敗的人提供獎勵。重要的是，要將高階主管的薪資根據某些指導原則連結至公司營運的表現，這些準則不會光是因為股價短期走高便獎勵高階主管，而是會確保高階主管的薪資，必須與企業的長期成功連結在一起。

### 基金經理人是否應該揭露自己的酬勞？

我不認為，光是因為有人——像是約翰・班漢（John Banham）爵士——選擇到一個薪水屬於公開資訊的產業任職，這些人就有權利要求那些任職於對薪水保密的產業的人也採取同樣的做法。這只是我個人的看法。一般而言，我們希望看到表現良好的人受到很好的獎勵。負責經營企業的人應該因為這份重責大任而享受高額的薪水。我們的工作只是要努力設定好正確的獎勵條件，以免在投資人投資績效極差的時候，這些高階主管還能坐享高薪。

### 英國企業處理投資人關係的成效如何？

我認為在英國，我們很少有資訊流通與溝通的問題。歐洲大陸可能還有這些問題，不過情形也在改善當中。某些國家的問題（資訊缺乏）比較嚴重。有很長一段時間，丹麥最大的企業不願意接見股東，不過，該國的情形也在改進當中。

### 良好的投資人關係對企業而言有多重要？

良好的投資人關係是一項非常有用的資產。我們跟企業的會議，大多是跟他們的執行長、財務主管或是兩者同時舉行。如果有一位負責投資人關係的代表出席會議，也獲得授權可以討論議題並直接回答問題，那麼，跟這些人士會面的效果會非常之大。

舉個例子——以富達而言，我們的分析師每兩、三年會更換負責的產業一次，這意味著，總是有一些新的分析師需要了解標的企業的最新狀況、該公司的業務、運作方式等等議題。這種事情顯然不是執行長利用時間的最佳方式。

以這類事情來說，跟投資人關係團隊進行長時間的會議，會對我們的分析師非常有幫助。一家義大利公司負責

投資人關係的是一位非常漂亮的小姐，她完全不懂公司的業務，也不回答任何問題。這種會議毫無用處。

### 企業應如何改進其投資人關係的做法？

我們所要求的事情之一是，當企業舉辦說明會或是跟不同的投資人舉行一系列會議時，會議的摘要報告必須上呈給全體董事，包括獨立的董事成員，這種做法已經越來越成為一種常態。

根據我們的經驗顯示，如果這些摘要報告在上呈的過程中經過擔任高階主管職務的董事之手，會議的內容有可能失真！經常發生的狀況是，股東把問題告訴投資顧問，後者急忙將問題提報高階主管，但獨立的董事們並非永遠都能獲知這些訊息。

只要可能，我們希望直接表達我們的大部分回饋意見，而不是透過中間人。有時候，我們要傳達的訊息或許不是對方所樂見的，在這個時候，顧問就可以扮演很好的角色。英國的做法比較複雜，跟企業的會談往往會有投資銀行以及企業的仲介人在場。這種情形有時候會讓事情變得複雜。

**有關說明會**

現在有許多企業會在網站上刊登說明會內容，這是一件好事。提到說明會，我們通常喜歡透過說明會的方式，讓企業回答我們的分析師提出的問題，而不用再次舉辦說明會。我們喜歡聽聽看，我們是否遺漏了什麼事情，或是標的企業有什麼其他的事情要說明。我們發現一件不太好的事情是，對方設定所有的討論議程。他們往往會對我們想要討論的議題避重就輕，只討論一些好的消息。

我非常重視開誠布公的對話，讓對談的雙方非常樂於討論好的與壞的事情，不會對事情加油添醋。事實上，我相當喜歡行事低調的人，而不是那些老是在告訴你一切都會很美好、後來卻無法實現諾言的人。

**投資人可以從殼牌石油醜聞當中學到什麼教訓？**

殼牌石油事件是一件非常複雜的事情。該公司的董事結構非常複雜。我的看法是，殼牌石油是一家非常封閉的公司，獨立董事對該公司的影響非常小。我認為這起事件說明了，當公司出狀況的時候，如果沒有人可以進行反覆查核，沒有外部人士在監督公司，這會引起哪些風險。

你可以說，殼牌石油應該推舉一位超然獨立的董事

長，但是，由於該公司採行雙董事會制，加上其董事會的成員皆為英、荷兩國人士，因此，獨立董事長這種做法並不容易推行。一般而言，我偏好的是單一架構。我不是在說雙董事會制行不通，而是說，負責監督的董事會，必須對擔任主管職的董事會發揮足夠的影響力，才能對後者進行交叉監督，並獲得合理的回應。

### 稱職適格的獨立董事真的短缺不足嗎？

是的，這是讓我個人感到憂慮的問題之一。這份工作必須支付優渥的酬勞。但是我必須說，我前天問過某家大型保險公司的董事長這一個問題——但是他不認為，這一切的問題與醜聞會讓大家變得比較不願意擔任獨立董事。我們的政策是，我們從來不會指派特定人選擔任掛牌企業的董事；不過，我們有可能聯合其他公司，推舉一位代表所有法人機構的董事，而不只是代表富達。

# 附錄四　富達內部研究報告範例：
## 　　　威廉希爾公司（2003年春季）

　　英國博奕公司威廉希爾（William Hill）的股票於2002年6月首度掛牌。波頓於掛牌之初買進了一些股票，隨後在2003年大筆加碼。富達內部當時針對該公司所撰寫的研究報告（當時股價是227便士），替該公司業務的不同層面建立評價。富達自有一套評鑑系統，其評等可分為：(1)強力買進；(2)買進；(3)持有；(4)賣出；(5)強力賣出。

　　分析是一回事，但買進與否的決定權握在波頓手上。波頓對該公司的想法總結如下：

　　我通常不會大量買進新掛牌的股票，因為這些股票的掛牌價往往有利於賣方，而不是買方。但威廉希爾是個例外。在這檔股票新掛牌的時候，該公司被視為一間穩定但相當無趣的公司。

　　但是，我就是喜歡這種類型的公司，也就是能夠創造現金而且擁有出色營運權的企業。不過，讓我決定在2003年大筆加碼的原因在於，我了解到，單一賠率機台有可能讓該公司的營運狀況為之改觀。

　　我記得曾經跟某家賽馬投注公司的高階主管見面，他告訴我，在他從事賽馬投注的生涯當中，單一賠率機台是該產業所見識過的最重要的一項發展。我們根據這一點而加碼買進威廉希爾的股票。這些是「未為人知的成長潛力」的最佳範例之一，也是我主要的投資理念之一。

　　另一點是，線上博弈這個產業似乎也在起飛當中。當時的情況還相當不明確，主要是因為牽涉到明顯的法規風險。不過，我認為該項投資所具備的商業潛力，可以合理化其中所涉風險。這檔股票的評等並未全然反映出該公司未來的成長潛力。

## 謝辭

　　在撰寫本書的過程當中，來自富達公司內外的許多投資專家對我的鼎力協助與建議，讓我獲益匪淺。在富達公司，除了波頓以外，跟我會談過或是提供我協助的人士還包括：貝瑞‧貝特曼、賽門‧傅雷澤、莎莉‧瓦頓、葛拉漢‧克萊普、比爾‧拜恩斯、瑞克‧史比連（Rick Spillane）、卡蘿琳‧金恩（Caroline King）、馬修‧懷特（Matthew White）、保羅‧卡夫卡（Paul Kafka，現任職於倫敦證交所）、約各‧墨伯克（Joerg Moberg）以及理查‧邁爾斯（Richard Miles）。

　　在富達以外，我也藉助了下列人士的專業見解與經驗：理查‧廷柏雷克、彼得‧傑瑞、亞利士‧哈蒙─錢柏斯、愛德華‧波翰‧卡特（Edward Bonham Carter）、伊安‧洛許布魯克、約翰‧恰特菲─羅伯茲、查爾斯‧佛雷澤爵士、約翰‧凱伊（John Kay）、尼爾斯‧陶布、克里斯賓‧歐帝（Crispin Odey）、馬克‧泰恩多（Mark Tyndall）、大衛‧傅勒（David Fuller）、貝瑞‧萊利（Barry Riley）、伊洛德‧丁姆森（Elroy Dimson）、彼得‧哈葛瑞

斯（Peter Hargreaves）、查理・艾利斯、肯恩・費雪（Ken Fisher）以及馬克・丹比爾。

　　我要感謝 WM Company 的研究部主任艾拉斯坦・邁杜格，以及任職於 Hargreaves Landsdown 的組合基金經理人李・嘉德豪斯兩人針對富達特別情況基金所提供的專業績效評估報告，並感謝標準普爾公司、Caspian Publishing 出版社以及 Close Winterflood 證券公司允許本書引用他們的資料。

　　我尤其要感謝哈利曼出版社（Harriman House）的菲力浦・詹克斯（Philip Jenks）、邁爾斯・杭特（Myles Hunt）與尼克・禮德（Nick Read）三人的熱心投入，希望以後還有機會繼續合作。最後，我要感謝克莉絲汀・梵・珊頓（Kristin van Santen）以及我的孩子尼克與安娜・戴維斯，在我寫作本書的過程當中，他們各自以獨特方式，給了我彌足珍貴的支持。

　　　　　　　　　　　　　　　——強納生・戴維斯
　　　　　　　　　　　　　　　於貝斯與倫敦，2004 年 11 月

財訊出版社
精選好書目錄

## 巴菲特價值投資

### IF059 學巴菲特做交易
詹姆斯‧阿圖舍 著／戴至中 譯　　　定價380元

《學巴菲特做交易》介紹了世紀股神巴菲特的重要生平與輝煌的投資紀錄，並且深入檢視巴菲特看待投資的獨特觀點，與從事交易的操作手法，其中包括回歸均值、原物料、債券、套利、短線交易、基金，以及「葛拉漢－陶德」。

### IF058 巴菲特談投資
強納森‧戴維斯 著／張淑芳 譯　　　定價250元

巴菲特是當代最知名、最為人稱頌的股市投資專家。每一年，他所掌舵的波克夏企業，都會吸引成千上萬的股東來到企業總部所在地奧瑪哈參與股東年會，聆聽巴菲特的最新看法。本書針對巴菲特在2005年波克夏股東年會上的發言，彙整出巴菲特最新觀點。

### IF026 巴菲特寫給股東的信
華倫‧巴菲特 著／張淑芳 譯　　　定價320元

全球知名投資大師華倫‧巴菲特的投資理念一直為世人所嚮往，但卻無法窺探其究竟。本書將巴菲特寫給波克夏股東的信，依主題分類歸納，將其個人的經營理念、投資主張完整的表達出來，以宴饗廣大的讀者。

### IF030 永恆的價值——巴菲特傳
基爾派翠克 著／魯燕萍 譯　　　定價480元

在世人的眼裡，巴菲特除了創造財富的傳奇故事外，他機智幽默的談吐；樸質無華的生活哲學；如何用正確合理的方法做事，更值得大眾景仰與學習。另外，作者也翔實記述波克夏的投資案決策過程，讓我們對大師的投資哲學有更深入的了解。

### IF038 價值投資之父——葛拉漢論投資
珍娜‧羅 著／陳慕真、周萱 譯　　　定價350元

思路清晰，觀念創新的葛拉漢，對於投資以及相關的經濟議題，總是能提出深入的洞見。本書再次展現價值投資的絕代風華，內容包括：投資價值的界定，投資與投機的差異之處，利潤預測的問題等，諸多投資大眾關心的重要課題。

### IF046 投資奇才曼格——巴菲特首席智囊
珍娜‧羅 著／財訊出版社 譯　　　定價350元

兩個投資天才攜手打天下，建立了擁有數百億身價的波克夏金融帝國。集律師、卓越策略家、企業魔法師，以及巴菲特智慧夥伴於一身的曼格，讓讀者好奇於：他是什麼樣的人，有過怎樣的人生歷練中，他與巴菲特維持亦師亦友的關係這麼多年⋯⋯。

### IF027 價值投資法
提摩西‧維克 著／洪裕翔 譯　　　定價320元

本書指出，只需要一台計算機與一套既有的知識架構，遵守七大操作守則，即可輕鬆坐擁華爾街：逢低買進資產，塑造價值的概念，善用「安全邊際」避免損失，採用「待售」觀點，堅持到底，善於反向操作，適時忽略市場。

---

## IF006 征服股海
彼得・林區 著／郭淑娟、陳重亨 譯　　定價360元

傳奇投資大師彼得・林區告訴投資人：1.投資股票才是長期贏家；2.散戶比股票專家更能發揮本身優勢。在本書中，彼得・林區針對散戶投資人說明，如何結合自身經驗及優勢，發展出自己的投資策略，戰勝投資專家。

## IF054 彼得林區選股戰略
彼得・林區、約翰・羅斯查得 著／陳重亨 譯　　定價380元

彼得・林區是美國首屈一指的基金管理人。在本書中，彼得・林區告訴投資人如何培養成功的選股模式，如何判斷一家公司的良窳，以獲致最佳的投資成果，並且提及各種投資人必須長期觀注的焦點。本書是散戶投資人投資股市的首選參考用書。

## IF028 短線交易秘訣
賴利・威廉斯 著／周萱 譯　　定價350元

短線交易不僅能提供最大的財務報酬，也是對投資人的最大挑戰，需要隨時集中精神，保持警覺，並制定一套嚴謹的交易計畫。透過本書，投資人將能掌握市場脈動：什麼是三大最具支配性的週期，什麼時候該出場，以及如何在一定的時間內，緊抱獲利的合約等基本觀念。

## IF024 一次讀完25本投資經典
李奧・高夫 著／陳琇玲 譯　　定價280元

《一次讀完25本投資經典》分為四大範疇：投資領域綜覽、大師列傳、投資的各種分析與技巧、金融市場的現象與內幕。這25本投資經典為散戶們解決了「從何處著手」的根本問題，並警告他們該避開哪些陷阱，以及如何建立一套適合自己的投資方法。

## IF053 Forbes 偉大的投資故事
李寮・費龍 著／李永蕙 譯　　定價350元

價值與成長是投資世界裡永恆不變的主題，從葛拉漢・普萊斯以至今日的華倫・巴菲特，這些投資傳奇人物為我們親身演繹了股市投資的終極智慧。本書生動地描繪出華爾街最獨特的事件與人物，透過他們不朽的投資智慧與傳奇故事，帶領投資人邁向投資成功之路。

## IF055 投資高峰會：46位投資大師、100年投資智慧
克拉斯 著／薛迪安等 譯　　定價480元

本書涵蓋投資領域的八大主題，深入剖析投資各個面向，提供實用的建議與策略原則，藉以協助讀者洞悉市場真相，進而邁向個人投資成功之路。這是一場絕無僅有的投資智慧盛筵，儘管投資方法與工具隨時代演進不斷改變，真正的投資智慧歷久彌堅。

## IF036 終極投資人——投資大師與投資觀念
李巴倫 著／劉體中等 譯　　定價380元

從投資的基礎觀念、市場與價值型投資、風險管理及共同基金等工具，到正蓬勃發展的新興市場、投資道德觀與避險基金等，代表性大師的見解及其對反面論調的回應，未來的展望等。協助讀者了解今日複雜又刺激的投資環境，擘劃投資的未來遠景。

## IF037 終極投資人——投資智慧與理財格言
李巴倫 著／劉體中 譯　　定價300元

全球最富有的人、撼動投資市場的先鋒，甚至市場慌亂與下滑等狀況的受害者，所有與投資相關的智慧短語都在這本書裡。然而，不是只有這些偉大的投資者才能教導我們，書中還包含聖經、好萊塢、莎士比亞名著，以及數千個其他來源中，所提及關於他人財富的投資觀點。

## TO001 奇謀 60

安多利提 著／蔡梵谷 譯　　　　定價240元

這是一本專為企業新鮮人職場格鬥士量身打造，最最珍貴的個人生涯基本教練之職場必勝教戰讀本，以及邁向飛黃騰達之路的榮華富貴藏寶圖；一者可以擴充貴讀者在經營管理施行技巧上的實戰知識，再者可以加強您在企業蹺蹺板升遷溜滑梯中大顯身手之鴻圖願景。

## TO002 給金融新鮮人的16堂課

財訊出版社著　　　　　　　定價240元

十六位來自不同金融領域的專業經理人，協同讀者導覽台灣金融產業初體驗，他們的職涯歷程，則是有為者亦若是的絕佳借鑑。本書希望能給即將踏出第一步的社會新鮮人一個許諾，在這個古老、龐大又複雜的金融世界裡，勇於接受挑戰，就會有脫穎而出的機會。

## TO003 生技魅影

陳耀昌 著　　　　　　　　　定價350元

以近代醫學進展而言，八〇年代可說是「器官移植成功年代」、九〇年代則是「基因治療摸索年代」、二〇〇〇年代則是「（幹）細胞研究當紅年代」。特別是胚胎幹細胞的研究，已經到了「爭與上天比高低」的層次了。生殖細胞的研究及生殖醫學的發展，更有可能未來因而改變人類歷史，影響尤其深遠。

## TO004 獵熊—狩獵夢想與現實的8個方法

馬爾肯‧麥克林 著／吳國卿 譯　　定價320元

如果再也不必朝九晚五，豈不是太棒了？做自己喜愛的工作正是如此。《獵熊》就是把夢想變真實，做自己最愛的事，還能賺錢。本書以獵熊人勇敢跨出第一步的真實故事揭示了不起的獵熊法則，八則簡單而驚奇的真實故事提供你朝目標前進的獵熊法則，找到激勵自我的快意人生。

## BS006 台商在中國

朱炎 著／蕭志強 譯　　　　　定價280元

台灣企業已經在中國建立堅強的經營基礎，從資訊產業到各種製造業，大量產品從中國輸往全世界；最近，則開始席捲龐大的中國內需市場。想在中國市場找到發展空間，徹底解析台灣企業在中國的經營模式，應該可以從中發現成功秘訣。

## IF060 天使投資家

平強 著　　　　　　　　　　定價280元

身為矽谷的天使投資家，我的工作就是投資剛成立的年輕企業。「投資」就是挽起袖子，以十分的耐心配合年輕企業進行技術開發，直到它能夠自立。有一點我可以充滿信心地說：無論何時，無論何地，都有挑戰的機會；只要堅持下去，一定能開創嶄新的未來！

## IF062 史上最大日股急騰

增田俊男 著／蕭志強 譯　　　　定價300元

身為矽谷的天使投資家，我的工作就是投資剛成立的年輕企業。「投資」就是挽起袖子，以十分的耐心配合年輕企業進行技術開發，直到它能夠自立。有一點我可以充滿信心地說：無論何時，無論何地，都有挑戰的機會；只要堅持下去，一定能開創嶄新的未來！

## BS002 大品牌、大麻煩

傑克‧屈特 著／高登第 譯　　　定價300元

長於行銷與品牌打造的屈特，從觀察知名品牌興衰的過程切入，檢討這些企業失敗的原因，以及在全球化競爭環境下常見的致命錯誤觀念。而唯一能帶領企業脫離窘境的執行長，必須扛起責任，具備掌握市場近況、長期規劃思考能力，以及百折不撓的精神。

---

## IF004 當沖高手——短線操作必勝秘笈

伯恩斯坦 著／褚耐安 譯　　　　定價：285元

當日沖銷技巧的經典著作，內容包括：(1)如何開始當日沖銷；(2)分析移動平均線、KD值、跳空缺口；(3)利用RSI、動能指標；(4)利用傳統圖表分析，補強當沖結果的研判；(5)運用始價、終價分析；(6)利用季節形態、轉折點分析，捕捉大行情的出現。

## IF021 交易的藝術：左右腦並用的投資法

麥馬斯特 著／黃晶晶‧許梅芳 譯　　定價：280元

《交易的藝術》教導讀者將人格中數學推理、規律秩序、邏輯的分析層面，以及抽象推理、創意、情諸等直覺的層面，加以整合，使你能完全駕馭心靈能量並開發「心理資本」。進而建立一個運作和諧且強而有力的交易系統。

## IF040 創投資本家的告白：
### 追求企業與創投的雙贏策略

露森‧昆蓮 著／陳志全 譯　　　定價250元

創投資本家主要的工作是將合夥人的錢，投資到新創的公司，協助新創公司發展成一家成功的公司，而所謂的協助，除了資金的挹注外，同時還扮演了創業者的意見諮詢、尋找適當經營團隊及戰略顧問等角色。這是一本創業者及創投資本家不可錯過的好書。

## IF048 投資心理學

傑克‧伯恩斯坦 著／陳重亨 譯　　定價350元

在這本被譽為經典之作的《投資心理學》中，作者融會專業的心理學知識及二十餘年的投資經驗，條理清晰地解釋投資人心理，提出改善行為的有效方法。當獲利機會來到時，能夠放手一搏。

## IF052 股票投資的33個魔術數字

彼得‧坦柏 著／張淑芳 譯　　　定價：280元

本書將用來評估公司價值的33個主要財務比率——也就極為重要的「魔術數字」，分成五大部分，並以淺顯易懂的文字，對各個比率做介紹；並以真實公司的財報數字，詳細說明如何計算這些「魔術數字」，以及如何運用這些比率。

## IF050 大錢潮：改變世界的五大趨勢

佛利區 著／張淑芳 譯　　　　定價320元

未來十年內驅動全球市場的五大主要趨勢，分別為：全球人口趨勢、經濟與市場的全球化、科技革命及生產力提升、全球政府瘦身與民營化、企業重組及購併。
作者強調，五大趨勢的匯集將提供全球市場長期的成長動力。

## BS003 金錢與權力：改變歷史的商業巨擘

霍華德‧明斯 著／羅耀宗 譯　　定價300元

透過10位商業巨擘的故事，勾勒出近千年以來的商業發展型貌；其間並會晤了義大利傳奇家族麥迪奇、大銀行家JP摩根、當代首富比爾‧蓋茲等股商巨賈，感受他們如何以堅定的意志、勇於創新的活力，來開啟通往致富之路的大門。

## BS004 決戰區管理：關鍵時刻的企業作戰法則

德區‧何蘭 著／劉揚愷 譯　　　定價320元

現今商業世界的決戰區，包括改變競爭策略、併購、再造工作流程、建置企業解決方案、建置電子商務、改變文化等，面對這些關鍵的時刻，常態管理規則不再適用，公司必須引進決戰區管理原則，才能確保實現潛在的巨大利益，並避免產生巨大損失的風險。

## IF061 點線賺錢術：技術分析詳解
鄭超文 著　　　　　　　　　定價 380 元

股票、商品的價格分析，可以分為基本面的分析與技術面的分析。本書介紹說明技術分析理論；針對各種技術分析觀念、技巧，及其相關運用策略。以投資的角度來講：「從基本面尋找商品；從技術面尋找買賣點。」不管是投資股票或者外匯、期貨，技術面的研究是投資人不可或缺的基本修養。

## IF042 價值分析在台灣股市個股應用的訣竅
杜金龍 著　　　　　　　　　定價 450 元

總體分析、產業分析及公司分析，是基本分析的三大步驟，價值分析則為公司分析中極為重要的一環。書中針對各種衡量指標，已發表的價值分析模型，和國外投資大師的選股策略，運用台灣股市資料進行分析探討，可供投資人在實務操作上參考。

## IF067 最新技術指標在台灣股市應用的訣竅（增訂三版）
杜金龍 著　　　　　　　　　定價 480 元

本書將計量化技術指標概分為價的技術指標、量的技術指標、時間的技術指標、市場寬幅的技術指標及其他技術指標五大類。每一指標均包含：(1)定義及基本假說；(2)買賣研判原則；(3)國內股市的實證結果；(4)優缺點及使用上的限制；(5)短中長期及多空下的應用訣竅等五大部分。

## IF049 基本分析在台灣股市應用的訣竅（增訂版）
杜金龍 著　　　　　　　　　定價 520 元

本書作者詳盡蒐集台灣過去 40 年有關基本分析的各項資訊，包括經濟指標、景氣動向、營業收入與盈餘、法人進出動態、信用交易、稅率機制、選舉行情等，進行通盤性的實證分析，供投資人學習參考，並建立起一套觀察大盤環境變化的方法。

## IF051 圖表型態解析在台灣股市應用的訣竅
杜金龍 著　　　　　　　　　定價 450 元

本書作者針對圖表型態解析進行深入的研究，並以台灣股市個股及大盤指數作為樣本，讓投資人深入了解股價走勢圖的預測能力。此外，作者針對心理分析與資金管理兩大層面做詳細的介紹說明，使投資人能進行全方位的分析，知己知彼，獲利致勝。

## IF057 技術分析入門：基本原理與實務應用技巧
杜金龍 著　　　　　　　　　定價 280 元

本書針對投資者徹底了解技術分析的需求，從實務面著手，結合基本理論，由淺入深，闡述技術分析的各個主要層面，並解說如何在實務上進行應用。以簡潔的文字，運用實際案例與圖表，闡述技術分析的基本原理和應用技巧，是投資人掌握技術分析工具的最佳入門書籍。

## IF056 套利Ⅱ：股票、期貨、選擇權套利操作秘訣
黃逢徵 著　　　　　　　　　定價：250 元

低風險、乃至零風險套利，已成為金融界與投資人高度關注的主題，如今，隨著台灣金融市場持續創新演進，新的套利工具與模式不斷推陳出新，作者將套利操作技巧拓展到期貨、選擇權等領域上，為讀者提供更多元的投資獲利管道。

## IF047 就市論勢：從市場訊息中獲利
隆恩‧尹撒納 著／陳顯云 譯　　　定價 250 元

市場會預先反映尚未公諸於世的事件，為了解市場在說什麼，投資人必須懂得聆聽及分析市場傳遞的訊息。作者以淺顯的文字及案例，為讀者剖析華爾街預期真實世界未來發展的複雜思維。這是一本了解市場訊息，做出最佳投資決策的最佳投資導覽。

Investing with Anthony Bolton: The anatomy of a stock market phenomenon
First published in Great Britain in 2004
©Investor Publishing Ltd and © Harriman House Ltd except Chapter 2 Anthony Bolton 2004
Complex-Chinese copyright ©2006 by Wealth Press
All rights reserved.

投資理財系列 71

# 安東尼・波頓教你選股

作　　者　強納生・戴維斯（Jonathan Davis）
譯　　者　張淑芳
發 行 人　邱永漢
總 編 輯　楊　森
主　　編　陳重亨・金薇華
責任編輯　林宛瑜

出 版 者　財訊出版社股份有限公司
　　　　　http://book.wealth.com.tw/
　　　　　台北市中山區 10444 南京東路一段 52 號 7 樓
　　　　　訂購服務專線：886-2-2511-1107
　　　　　訂購服務傳真：886-2-2536-5836
　　　　　郵政劃撥帳號：11539610 財訊出版社

製版印刷　沈氏藝術印刷股份有限公司
總 經 銷　聯豐書報社
　　　　　台北市大同區 10350 重慶北路一段 83 巷 43 號
　　　　　電話：886-2-2556-9711

登 記 證　行政院新聞局版台業字第 3822 號
初版一刷　2006 年 9 月
定　　價　280 元

ISBN-10 986-7084-23-3　ISBN-13 978-986-7084-23-1
版權所有、翻印必究　All rights reserved. Printed in Taiwan
（若有缺頁或破損，請寄回更換）

國家圖書館出版品預行編目資料

安東尼・波頓教你選股：歐洲首席基金經理人的逆向投資
策略／強納生・戴維斯 Jonathan Davis 著．；張淑芳譯．
-- 初版. -- 台北市：財訊，2006〔民 95〕
　面；　公分. --（投資理財系列；71）
譯自：Investing with Anthony Bolton: The anatomy of a
　　　stock market phenomenon

ISBN 978-986-7084-23-1（平裝）

1. 投資　2. 證券

563.5　　　　　　　　　　　　　　　　95013054